水产原良种生产技术操作规程汇编

SHUICHAN YUANLIANGZHONG SHENGCHAN JISHU
CAOZUO GUICHENG HUIBIAN

全国水产技术推广总站 编

U0255729

中国农业出版社
北 京

前　言
FOREWORD

　　水产种业标准化建设是水产养殖业绿色健康发展的迫切需要,也是政府管理手段的重要补充。为贯彻落实经国务院同意、农业农村部等 10 部委联合发布的《关于加快推进水产养殖业绿色发展的若干意见》(农渔发〔2019〕1 号)中关于标准化扩繁生产的要求,规范水产苗种生产工作,全国水产技术推广总站会同有关国家级水产原良种场编撰了《水产原良种生产技术操作规程汇编》一书,将现行有效并具代表性的水产原良种生产行业、地方技术标准收录其中,以供水产管理、科研推广、生产经营等人员查询、参考和应用。

　　本书共收录标准 35 项。按两个维度编排,首先按鱼类、虾蟹类、贝类、藻类、其他类排序;最后按行标和地标排序。

　　特别声明:本着尊重原著的原则,除明显差错外,对标准中所涉及的有关量、符号、单位和编写体例均未做统一改动。

　　由于编者水平有限,书中难免存在疏漏或不妥之处,敬请读者批评指正。

编　者

2020 年 12 月

目 录
CONTENTS

ICS 65.150
B 52

中华人民共和国水产行业标准

SC/T 1008—2012
代替 SC/T 1008—1994

淡水鱼苗种池塘常规培育技术规范

General technical specification for cultivating freshwater
fish fry and fingerling in pond

2012-03-01 发布

2012-06-01 实施

中华人民共和国农业部 发布

前　言

本标准按照 GB/T 1.1—2009 给出的规则起草。

本标准代替 SC/T 1008—1994《池塘常规培育鱼苗鱼种技术规范》。本标准与 SC/T 1008—1994 相比,除编辑性修改和描述语句修改外,主要技术变化如下:

——按照 GB/T 22213—2008 重新定义了术语;

——增加了 GB/T 18407.4、NY 5071、NY 5072 和 SC/T 9101 标准的引用;

——鱼种培育中增加了以配合饲料为主的投饲方法和投饲机的设置;

——删除了清塘药物鱼藤酮和巴豆。

本标准由全国水产标准化技术委员会淡水养殖分技术委员会(SAC/TC 156/SC 1)归口。

本标准起草单位:中国水产科学研究院长江水产研究所。

本标准主要起草人:周瑞琼、叶雄平、方耀林、邹世平。

本标准所代替标准的历次版本发布情况为:

——SC/T 1008—1994。

淡水鱼苗种池塘常规培育技术规范

1 范围

本标准规定了淡水鱼苗种池塘常规培育的环境条件、放养前的准备、夏花鱼种培育、鱼种培育、鱼病防治及越冬管理等技术要求。

本标准适用于青鱼、草鱼、鲢、鳙等淡水养殖鱼类鱼苗鱼种的池塘常规培育。

2 规范性引用文件

下列文件对于本文件的应用是必不可少的。凡是注日期的引用文件，仅注日期的版本适用于本文件。凡是不注日期的引用文件，其最新版本（包括所有的修改单）适用于本文件。

GB 11607　渔业水质标准

GB/T 18407.4—2001　农产品安全质量　无公害水产品产地环境要求

GB/T 22213—2008　水产养殖术语

NY 5071　无公害食品　渔用药物使用准则

NY 5072　无公害食品　渔用配合饲料安全限量

SC/T 9101　淡水池塘养殖水排放要求

3 术语和定义

GB/T 22213—2008 界定的以及下列术语和定义适用于本文件。为了便于使用，以下重复列出了 GB/T 22213—2008 中的某些术语和定义。

3.1

试水　water testing

清塘后，用少量水产养殖对象活体检验池水中药物毒性是否消失的方法。

注：改写 GB/T 22213—2008，定义 6.3。

3.2

鱼苗　fry

受精卵发育出膜后至卵黄囊基本消失、鳔充气、能平游和主动摄食阶段的仔鱼。

［GB/T 22213—2008，定义 5.38］

3.3

鱼种　fingerling

鱼苗生长发育至体被鳞片、长全鳍条，外观已具有成体基本特征的幼鱼。

［GB/T 22213—2008，定义 5.40］

3.4

夏花　summerling

鱼苗经 20 d 左右饲养后在夏季出池的鱼种。全长为 2 cm～3 cm。

注：改写 GB/T 22213—2008，定义 5.39。

4 环境条件

4.1 渔场位置

交通便利，无工业"三废"、农业及生活污染源。

4.2 水源与水质

水源充足。水质符合 GB 11607 的规定。

4.3 池塘条件

a) 鱼苗池面积为 0.07 hm²～0.27 hm²,水深 1.2 m～1.5 m;鱼种池面积为 0.13 hm²～0.53 hm², 水深 1.5 m～2.0 m。

b) 池底平坦,淤泥厚度小于 20 cm。池塘底质应符合 GB/T 18407.4—2001 中 3.3 的要求。

c) 进排水渠分开。

d) 配备增氧机。

5 放养前的准备

5.1 池塘清整

排干池水,曝晒池底 7 d～10 d,清除杂物与过多淤泥,修整池埂。

5.2 药物清塘

鱼苗、鱼种放养前,用药物清除敌害。

清塘方法一般有:

a) 干法清塘:生石灰每公顷水面 900 kg～1 050 kg,用水溶化后趁热全池泼洒。毒性消失时间为 7 d～10 d。

b) 带水清塘:

1) 漂白粉,每公顷水面 203 kg～225 kg,用水溶化后全池泼洒。毒性消失时间为 3d～5d。

2) 茶粕,每公顷水面 600 kg～750 kg,碾碎后加水浸泡一夜,对水全池泼洒。毒性消失时间 为 5 d～10 d。

5.3 注水

清塘 2 d～3 d 后注水,鱼苗池水深至 0.5 m～0.6 m;鱼种池水深至 0.8 m～1.0 m。注水时用规格 为 24 孔/cm(相当于 60 目)的筛绢网过滤。

5.4 施基肥

放鱼前 3 d～5 d,鱼苗或鱼种池中施经发酵腐熟的有机肥 3 000 kg/hm²～7 500 kg/hm² 或绿肥 3 000 kg/hm²～4 500 kg/hm²。新挖鱼池应增加施肥量或增施氮磷比为 9∶1 的化肥 75 kg/hm²～ 150 kg/hm²。

5.5 透明度

放养时达到:

a) 鱼苗培育池水透明度为 25 cm～30 cm。

b) 鱼种培育池水透明度:鲢、鳙、鲮、白鲫为主的培育池池水透明度为 25 cm～30 cm;青鱼、草鱼、 鳊、鲂、鲤、鲫为主的培育池池水透明度为 35 cm～40 cm。

c) 池水轮虫密度为 5 000 个/L～10 000 个/L。大型枝角类过多时用 90% 晶体敌百虫杀灭,用药 浓度为 0.2 mg/L～0.3 mg/L。

5.6 试水

试水包括:

a) 放鱼前一天,将 50 尾～100 尾活鱼苗、夏花或鱼种放入设置于池内的网箱中,经 12 h～24 h 观 察鱼的状态,检查池水药物毒性是否消失。

b) 试水后用夏花捕捞网在池中拉网 1 次～2 次。若发现野鱼或敌害生物,应重新清塘。

6 夏花鱼种培育

6.1 鱼苗放养

单养,一次放足。培育夏花鱼种的鱼苗放养密度见表1。

表1 鱼苗放养密度

单位为万尾每公顷

地 区	鲢、鳙	鲤、鲫、鳊、鲂	青鱼、草鱼	鲮
长江流域及以南地区	150～180	225～300	120～150	300～375
长江流域以北地区	120～150	180～225	90～120	—

6.2 投饲与施肥

6.2.1 以豆浆为主的培育方法

鱼苗放养后,每天每公顷水面用黄豆30 kg～45 kg加水泡发后磨成豆浆,分2次～3次全池泼洒;一周后,黄豆增至每公顷水面45 kg～60 kg;培育10 d后,草鱼、鲤、鲫的培育池还需在池边加泼一次或在池塘周围浅水处堆放豆渣或豆饼糊。

6.2.2 以绿肥为主的培育方法

鱼苗放养后,每隔3 d～5 d在池塘四角堆放鲜草,每公顷水面2 250 kg～3 000 kg,1 d～2 d翻动一次,一周后逐渐捞出不易腐烂的根茎残渣。培育后期,视水质与鱼苗生长情况适当泼洒豆浆或在池边堆放豆饼糊。

6.2.3 以有机肥为主的培育方法

鱼苗放养后,每天两次泼洒经发酵的有机肥,每次每公顷水面450 kg～600 kg;培育期间,根据水质与鱼苗生长情况,适当增减;在培育后期,草鱼、鲤、鲫鱼苗还应在池边堆放豆渣或豆饼糊。

6.2.4 施追肥

水质过瘦需适当施追肥。每次每公顷水面有机肥用量1 500 kg～2 250 kg,加无机肥75 kg(氮磷比为9:1);若单用无机肥,每次每公顷用量为150 kg[氮磷比为(4～7):1],隔天施用一次。无机肥在晴天施用。

6.3 日常管理

6.3.1 巡塘

鱼苗放养后,每日巡塘3次～5次,观察水质及鱼的活动情况。及时清除敌害生物,检查鱼苗摄食、生长及病害情况。发现问题及时采取措施,并做好记录。

6.3.2 定期注水

鱼苗放养一周后,每3 d～5 d注水一次,每次加深10 cm～15 cm。待鱼体全长3 cm左右时,池塘水深为1.2 m～1.5 m。

6.3.3 鱼病防治

经常观察,定期检查,坚持预防为主、防重于治的原则,发现鱼病及时诊断和治疗。防治用药按NY 5071的规定执行。

6.4 出池

6.4.1 时间

鱼苗经约20 d培育至全长3 cm左右时及时拉网锻炼,准备出池。

6.4.2 拉网锻炼

夏花出塘前拉网锻炼2次～3次,每次拉网前停喂饲料、清除池中杂草和污物,拉网后再投喂饲料。拉网时间选择在晴天上午9时～10时。

第一次拉网将鱼围入网中,观察鱼的数量及生长情况,密集10 min～20 min后放回池中。如发现浮头,应立即放回池中;如活动正常,可适当延长密集时间。隔天拉第二网,待鱼围入网中密集后赶入网箱中,随后在池中慢慢推动网箱,清除箱内污物。经1 h～2 h,若距鱼种培育池较近即可出塘;若需长途运输,需再隔一日,待第三网锻炼后出塘(操作同第二网)。

拉网分塘操作应细心,尤其是鱼体娇嫩的鳊、鲂,起网时鱼种不可过度密集,计数时采取带水操作。

6.4.3 筛选与计数

出池时,若夏花规格参差不齐,需用鱼筛分选。

夏花计数有重量法和容量法 2 种。将筛选后的夏花随机取样,按单位重量或容积的夏花尾数乘以总重量或容积,即为夏花的总数量。再随机取出 30 尾测量全长与体重,求出平均规格。

7 鱼种培育

7.1 环境条件

鱼种培育的环境条件按第 4 章给出的要求。

7.2 放养前的准备

放养前的准备按第 5 章给出的要求。

7.3 夏花放养

7.3.1 放养方式

采取 3 种~5 种鱼同池混养,主养鱼比混养鱼早放养 15 d~20 d。青鱼、草鱼、鲂作为混养鱼时,须待规格达到 5 cm 以上时再放养。

7.3.2 放养比例

各种鱼类混养比例见表 2。

表 2 不同放养模式鱼种混养比例　　　　　　　　　　　　　　　　单位为百分率

混养鱼类	主养鱼类					
	草鱼	鲂或鳊	鲢	鳙	青鱼或鲤	鲫或白鲫
草鱼	50	—	20	20	10	10
鲂或鳊	—	50	10	10	—	10
鲢	30	30	50	—	—	10
鳙	10	10	10	50	30	20
青鱼或鲤	—	—	—	10	50	—
鲫或白鲫	10	10	10	10	10	50
合计	100	100	100	100	100	100
鲂与鳊、青鱼与鲤、鲫与白鲫或异育银鲫在放养时一般只放一种。 以鲤为主时,北方地区可按鲤 40%、鲢 30%、草鱼 20%、鳊 10%的比例混养。						

鲮一般为单养,放养量为 150 万尾/hm²~180 万尾/hm²;若与草鱼、鳙混养,放养量为鲮 105 万尾/hm²~150 万尾/hm²、草鱼或鳙 4.5 万尾/hm²。

7.3.3 放养密度

从夏花养成一龄鱼种的放养密度、成活率、出池规格和产量指标见表 3。

表 3 鱼种放养及出池指标

地　区	放养密度 万尾/hm²	出池规格[a],cm	
		青鱼、草鱼、鲢、鳙	鲤、鲫、鳊、鲂
长江流域及以南地区	15~22.5	≥13.3	≥12
长江流域以北地区	12~18	≥13.3	≥12
[a] 鱼体全长。 [b] 如条件优越,管理水平高,可适当增加放养量,产量可超过 7 500 kg/hm²。			

7.3.4 放养时间

5月份至7月份,当夏花全长达到3 cm以上时应及时放养。

7.4 投饲与施肥

7.4.1 投饲

7.4.1.1 投饲原则

投饲做到四定:定时、定位、定质、定量。

7.4.1.2 以天然饲料为主的投饲

7.4.1.2.1 草鱼、鲂、鳊的投饲

草食性鱼类应以青饲料为主,不论是主养还是作为混养。每生产1 kg草食性鱼的鱼种,青饲料的投饲量均不少于5 kg。

长江中下游地区培育草食性鱼类鱼种的投饲量见表4。

表4 长江中下游草食性鱼种投饲量

鱼种规格 cm	水温 ℃	青饲料种类	青饲料量 kg/(d·万尾)	精饲料量 kg/(d·万尾)
3～7	28～32	草浆、芜萍	20～40	1～2
7～8	30～32	小浮萍、草浆、嫩草、轮叶黑藻	60～100	2
8～9	28	紫背浮萍、草浆、嫩草	100～150	2
9～12	22	苦草、苦买菜、嫩草	150～200	2～3
12～15	15	苦草、嫩草	75～150	2～3

7.4.1.2.2 青鱼的投饲

培育青鱼种应以精饲料为主,适当投喂动物性饲料。精饲料以豆饼效果较好,动物性饲料多采用轧碎的螺蛳、黄蚬。

长江下游地区青鱼鱼种投饲量见表5。

表5 长江下游青鱼鱼种投饲量

鱼种规格 cm	水温 ℃	饲料种类	投饲量 kg/(d·万尾)
3～5	28～30	豆饼糊	1.2～2.5
5～8	30～32	豆饼糊、菜饼糊	2.5～5.0
8～12	22～28	轧碎螺蛳、黄蚬	30.0～120.0
>12	15	豆饼糊、菜饼糊	1.5～3.0

7.4.1.2.3 鲢、鳙的投饲

鲢鱼种放养后,每10 d左右施绿肥或粪肥1 500 kg/hm²～3 000 kg/hm²,培育池中浮游生物。同时,还应适量投喂精饲料。投饲量随鱼种的生长而逐渐增加,从1 kg/万尾增加至3 kg/万尾,以后随水温下降而减少。

鳙鱼种培育池水质应较鲢鱼池更肥些,施肥量与精饲料的投放量比鲢鱼增加1/3。

7.4.1.2.4 鲤、鲫的投饲

鲤以精饲料为主,投饲量由每日1 kg/万尾逐渐增加到5 kg/万尾。当全长达到10 cm以上时,可投喂些轧碎螺蛳、黄蚬,每日投饲量为50 kg/万尾～100 kg/万尾。

鲫鱼以精饲料为主,投饲量约为鲤的2/3。

7.4.1.3 以配合饲料为主的投饲

根据不同种类鱼种的个体大小和营养需求,选择相应鱼类鱼种的配合饲料投饲。配合饲料质量符合各相应鱼类鱼种配合饲料标准和NY 5072的要求。

7.4.2 施肥

7.4.2.1 施肥原则

鲢、鳙及白鲫为主的池塘宜多施肥培水，青鱼、草鱼、鳊、鲂为主的池塘少施肥；水质清瘦的池塘多施肥，水质肥且鱼种经常浮头的池塘少施肥；施肥宜在晴天进行，阴雨天不宜施肥。

7.4.2.2 用量

以鲢、鳙、白鲫为主的池塘施有机肥总量为 30 000 kg/hm²～45 000 kg/hm²；以其他鱼为主的池塘施有机肥总量为 15 000 kg/hm²～22 500 kg/hm²。

7.4.2.3 方法

施肥方法有：

a) 泼洒法：每 2 d～3 d 将粪肥或混合堆肥的肥汁 450 kg/hm²～750 kg/hm²（可加过磷酸钙300 g）对水全池泼洒。化肥每隔 5 d～10 d 追施一次，每次 75 kg/hm²，对水全池泼洒。

b) 堆放法：每 10 d 左右将粪肥或绿肥按 2 250 kg/hm²～3 750 kg/hm² 堆放在池边浅水处。

7.5 日常管理

7.5.1 巡塘

每天巡塘不少于两次。清晨观察水色和鱼的动态，发现浮头或鱼病及时处理，投饲与施肥时注意水质与天气变化；下午清洗饲料台时检查吃食情况，并做好日常管理工作记录。

7.5.2 定期注水

每隔 15 d 左右加水一次，每次池水加深 10 cm～15 cm。

7.5.3 换水、排水

注水到最高水位后换水，每次最大换水量不宜超过池水的1/3。废水外排时，应满足 SC/T 9101 的要求。

7.6 鱼病防治

7.6.1 预防

主要采取"三消"的防病措施，方法是：

a) 池塘消毒：消毒药物及方法按 NY 5071 的规定执行。

b) 鱼种消毒：鱼种出入池塘应检疫和药物消毒。消毒药物及方法按 NY 5071 的规定执行。

c) 饲料台、饲料框、食场及工具等消毒：鱼病流行季节，每半月消毒一次。

7.6.2 治疗

发现鱼病及时诊断和治疗。治疗用药按 NY 5071 的规定执行。

7.7 鱼种筛选

长江流域以北地区自 8 月底 9 月初开始，长江流域及以南地区自 10 月底 11 月初开始，拉网检查各类鱼种生长情况。如规格相差悬殊，宜及时拉网筛选分养，调整投饲施肥数量，以保证各类鱼种出塘规格整齐。

7.8 并塘与越冬

7.8.1 越冬池塘条件

背风向阳，保水性好，面积 0.13 hm²～0.53 hm²，水深 2.5 m～3.0 m；高寒地区面积应达到 0.3 hm²～1.0 hm²，水深 3 m～4 m，保证冰下水深大于 2 m。冰封前池中浮游生物量保持在 25 mg/L 以上。

7.8.2 鱼种进池与越冬密度

鱼种放入越冬池前应停食 2 d～3 d，拉网锻炼 2 次～3 次，经计数称重与药物消毒后放养。操作过程中防止鱼体受伤，发现鱼病及时治疗后再放养。

放养数量根据鱼体规格、体质、越冬池塘条件及越冬期长短等决定。一般鱼种全长 12 cm～13 cm，放养量 60 万尾/hm² 左右；全长 15 cm～16 cm，放养量 30 万尾/hm²～45 万尾/hm²。高寒地区冰封越冬池视补水条件优劣，放养量控制在 3 000 kg/hm²～10 000 kg/hm²。

7.8.3 越冬管理

长江流域及以南地区冬季冰封期短或无冰封期，天晴日暖时适当投饲与施肥，冰封时及时破冰，日常管理时注意水质和防止鸟害侵袭。

珠江流域冬季除寒流影响时注意鲮鱼池水温不能低于 7℃，其他时期按正常情况管理。

长江流域以北地区冰封期长，应及时、全面清除冰面积雪。面积过大的越冬池的清雪面积不少于 1/3，提高冰面透明度，增加溶氧，定期注入含浮游植物较多的池水。适时施放无机肥(尿素与过磷酸钙各 7.5 kg/hm²，不施有机肥)，提高池水肥度和生物增氧量。

ICS 65.150
B 52

中华人民共和国水产行业标准

SC/T 1015—2006
代替 SC/T 1015—1989

鲢、鳙催产技术要求

Technical demand for the induced spawning of
silver carp and bighead carp

2006-01-26 发布　　　　　　　　　　　2006-04-01 实施

中华人民共和国农业部 发布

前　言

　　本标准是对 SC/T 1021—1989《鲢鱼、鳙鱼亲鱼催产技术要求》的修订。修订时内容：合并表 2 与表 3；增加催产剂种类"地欧酮"和"促排卵素 2 号、3 号"；同时，对催产剂剂量作了相应修改与补充，并将附录 B 的内容纳入标准正文中。

　　本标准的附录 A 为资料性附录。

　　本标准由中华人民共和国农业部渔业局提出。

　　本标准由全国水产标准化技术委员会淡水养殖分技术委员会归口。

　　本标准起草单位：中国水产科学研究院长江水产研究所、浙江省淡水水产研究所。

　　本标准主要起草人：徐忠法、周瑞琼、沈仁澄、何力、杨国梁。

鲢、鳙催产技术要求

1 范围

本标准规定了鲢(*Hypophtha lmichthys molitrix*)、鳙(*Aristichthys nobilis*)催产的环境条件、亲鱼选择、催产剂的使用及人工授精方法。

本标准适用于鲢、鳙人工催产与人工授精。

2 规范性引用文件

下列文件中的条款通过本标准的引用而成为本标准的条款。凡是注日期的引用文件,其随后所有的修改单(不包括勘误的内容)或修订版均不适用于本标准,然而,鼓励根据本标准达成协议的各方研究是否可使用这些文件的最新版本。凡是不注日期的引用文件,其最新版本适用于本标准。

GB/T 5055 青鱼、草鱼、鲢、鳙 亲鱼

GB 11607 渔业水质标准

3 环境条件

3.1 催产季节

春末夏初,当水温回升并稳定在18℃以上时,方可进行人工繁殖。不同地区的人工繁殖季节见表1。

表1 不同地区的人工繁殖季节

地　域	人工繁殖季节
珠江流域	4月上旬至5月中旬
长江流域	5月上旬至6月上旬
黄河流域	5月中旬至6月下旬
黑龙江流域	6月中旬至7月中旬

3.2 催产水温与水质

鲢、鳙催产的水温为18℃～30℃,适宜水温为22℃～28℃。水源充足,水质应符合GB 11607的规定。

3.3 产卵池

各种类型的产卵池,应保持1 m～1.5 m水位和一定的水交换量。

4 繁殖亲鱼的选择

4.1 亲鱼质量

鲢、鳙亲鱼质量应符合GB/T 5055的规定。

4.2 雌亲鱼的选择

4.2.1 外观选择

性成熟雌鱼的腹部膨大,有明显的卵巢轮廓。泄殖孔附近饱满松软、有弹性,泄殖孔微红、不突出。

4.2.2 挖卵检查

用挖卵器伸入亲鱼泄殖孔,挖取少许卵粒,置于培养皿中或载玻片上观察,成熟卵粒分散、大小整

齐、饱满。再滴加卵球透明液(参见附录A),经2 min~3 min后观察,全部或绝大多数卵核偏位。

4.3 雄亲鱼的选择

轻压雄鱼后腹部,有乳白色精液从泄殖孔流出,遇水后迅速散开。

4.4 配组

雌、雄亲鱼比例为1:1~1.2。

5 催产剂的使用

5.1 催产剂种类

常用鲢、鳙催产剂有:
—— 鱼用绒毛膜促性腺激素(HCG);
—— 鱼用促黄体素释放激素类似物(促排卵素2号LRH-A_2、促排卵素3号LRH-A_3);
—— 多巴胺受体拮抗物地欧酮(DOM)。

5.2 催产注射液的配制

5.2.1 鱼用绒毛膜促性腺激素注射液

用0.8%生理盐水溶解后稀释即成。现配现用。

5.2.2 鱼用促黄体素释放激素类似物注射液

用0.8%生理盐水溶解后稀释即成。

5.2.3 多巴胺受体拮抗物地欧酮注射液

将所需剂量的DOM置于干燥研钵中,加入少许0.8%生理盐水研成糊状,再稀释至所需量。现配现用。用时摇匀。或直接用DOM水剂。

5.3 注射部位

胸鳍或腹鳍基部腹腔注射。

5.4 雌亲鱼的注射剂量

5.4.1 两次注射法的剂量

鲢、鳙催产以两次注射为宜,以两种药物混合注射为好。两次注射法的催产剂与剂量见表2。

表2 两次注射法的催产剂与剂量

注射方式		催产剂剂量		
		LRH-A_2 或 LRH-A_3 μg/kg	HCG IU/kg	DOM mg/kg
第一次注射[a]	第一种	0.2~0.6	—	—
	第二种	—	100~200	—
第二次注射[a]	第一种	2~4	—	—
	第二种	—	800~1 200	—
	第三种	2~4	800~1 200	—
	第四种	2~4	—	3~5
[a] 任选一种剂量。				

两次注射的时间间隔与效应时间相同,见表3。

5.4.2 一次注射法的剂量

按表2中所规定的第二次注射剂量,任选一种一次注入鱼体。

5.5 雄亲鱼的注射剂量

雌亲鱼如采用两次注射法,当雌亲鱼注射第二次时注射雄亲鱼;雌亲鱼如采用一次注射法,雄亲鱼与雌亲鱼同时注射。剂量为雌亲鱼注射剂量的一半。

6 产卵和受精

6.1 效应时间

从注射催产剂到亲鱼产卵的时间称为效应时间。效应时间随水温呈规律性变化,不同水温条件下的效应时间见表3。

表 3　效应时间　　　　　　　　　　　　单位为小时

水温℃	一次注射法	两次注射法
20～21	16～18	11～12
22～23	14～16	10～11
24～25	12～14	8～10
26～27	10～12	7～8
28～29	9～11	6～7

6.2 受精

6.2.1 自然受精

亲鱼注射催产剂后,让其在产卵池中自行产卵、排精,使精、卵在水中自行结合受精。

6.2.2 人工授精

根据水温推算效应时间,及时取卵、取精,盛放精、卵的器皿应干燥洁净,精、卵避免阳光直射。所取精、卵在人工搅拌下,使之结合受精。一般采用干法和半干法两种。

——干法授精:把所取精、卵混合,再加水搅拌 1 min～2 min,使之受精。

——半干法授精:先用 0.8% 生理盐水稀释精液,然后与卵混合,再加水搅拌 1 min～2 min,使之受精。

附 录 A
（资料性附录）
卵球透明液配制方法

95%酒精:95 份；
10%福尔马林:10 份；
冰乙酸:5 份；
三者按上述比例混合即成。

ICS 65.150
B 52

中华人民共和国水产行业标准

SC/T 1021—2006
代替 SC/T 1021—1989

草鱼催产技术要求

Technical demand for the induced spawning of grass carp

2006-01-26 发布　　　　　　　　　　　2006-04-01 实施

中华人民共和国农业部 发布

前　言

　　本标准是对 SC/T 1021—1989《草鱼亲鱼　催产技术要求》的修订。修订内容:合并表 2 与表 3;增加催产剂种类"地欧酮"和"促排卵素 2 号、3 号";对催产剂剂量作了相应修改与补充,将第二次注射剂量内容改以表 2 列出,并将附录 B 的内容纳入标准正文中。

　　本标准的附录 A 为资料性附录。

　　本标准由中华人民共和国农业部渔业局提出。

　　本标准由全国水产标准化技术委员会淡水养殖分技术委员会归口。

　　本标准起草单位:中国水产科学研究院长江水产研究所、浙江省淡水水产研究所。

　　本标准主要起草人:徐忠法、周瑞琼、沈仁澄、杨国梁、何力。

草鱼催产技术要求

1 范围

本标准规定了草鱼（*Ctenopharyngodon idellus*）催产的环境条件、亲鱼选择、催产剂的使用和人工授精方法。

本标准适用于草鱼人工催产与人工授精。

2 规范性引用文件

下列文件中的条款通过本标准的引用而成为本标准的条款。凡是注日期的引用文件,其随后所有的修改单(不包括勘误的内容)或修订版均不适用于本标准,然而,鼓励根据本标准达成协议的各方研究是否可使用这些文件的最新版本。凡是不注日期的引用文件,其最新版本适用于本标准。

GB/T 5055 青鱼、草鱼、鲢、鳙 亲鱼

GB 11607 渔业水质标准

3 环境条件

3.1 催产季节

春末夏初,当水温回升并稳定在18℃以上时,方可进行人工繁殖。不同地区的人工繁殖季节见表1。

表1 不同地区的人工繁殖季节

地 域	人工繁殖季节
珠江流域	4月上旬至5月中旬
长江流域	5月上旬至6月上旬
黄河流域	5月中旬至6月中旬
黑龙江流域	6月中旬至7月中旬

3.2 催产水温与水质

草鱼催产的水温为18℃～30℃,适宜水温为22℃～28℃。水源充足,水质应符合GB 11607的规定。

3.3 产卵池

各种类型的产卵池,水位保持在1 m～1.5 m,有一定的水交换量。

4 繁殖亲鱼的选择

4.1 亲鱼质量

草鱼亲鱼质量应符合GB/T 5055的规定。

4.2 雌亲鱼的选择

4.2.1 外观选择

停食1 d的性成熟雌鱼的腹部膨大,下腹部有明显的卵巢轮廓、松软有弹性。

4.2.2 挖卵检查

用挖卵器从亲鱼泄殖孔挖取少许卵粒,置于培养皿中或载玻片上观察,成熟卵粒分散、大小整齐、饱

满。再滴加卵球透明液（参见附录 A），经 2 min～3 min 后观察，全部或绝大多数卵核偏位。

4.3 雄亲鱼的选择

轻压雄鱼后腹部，有乳白色精液从泄殖孔流出，遇水后迅速散开。

4.4 配组

雌、雄亲鱼比例为 1：1～1.2。

5 催产剂的使用

5.1 催产剂种类

常用的草鱼催产剂主要有：

——多巴胺受体拮抗物地欧酮（DOM）；

——鲤鱼脑垂体；

——鱼用促黄体素释放激素类似物（促排卵素 2 号 $LRH-A_2$、促排卵素 3 号 $LRH-A_3$）。

5.2 催产注射液的配制

5.2.1 多巴胺受体拮抗物地欧酮注射液

将所需剂量的 DOM 置于干燥研钵中，加入少许 0.8% 生理盐水研成糊状，再稀释至所需量。现配现用。用时摇匀。或直接用 DOM 水剂。

5.2.2 鲤鱼脑垂体注射液

将所需剂量的鲤鱼脑垂体置于干燥研钵中，研成粉末，然后加入少许 0.8% 生理盐水研成悬浊液，再稀释至所需量。现配现用。

5.2.3 鱼用促黄体素释放激素类似物注射液

用 0.8% 生理盐水溶解后稀释即成。

5.3 注射部位

胸鳍或腹鳍基部腹腔注射。

5.4 雌亲鱼的注射剂量

5.4.1 一次注射法的催产剂与剂量

草鱼催产以一次注射为宜。注射剂量可任选下列一种：

a) 每千克体重注射 $LRH-A_2$ 或 $LRH-A_3$ 1 μg～3.0 μg；

b) 每千克体重注射 $LRH-A_2$ 或 $LRH-A_3$ 1 μg～3.0 μg 和 DOM 3 mg～5 mg；

c) 每千克体重注射 3 mg～5 mg 鲤鱼脑垂体。

5.4.2 两次注射法的催产剂与剂量

两次注射法的催产剂与剂量见表 2。

表 2　两次注射法催产剂与剂量

注射方式		催产剂剂量		
		$LRH-A_2$ 或 $LRH-A_3$ μg/kg	鲤鱼脑垂体 mg/kg	DOM mg/kg
第一次注射[a]	第一种	0.2～0.4	—	—
	第二种	—	0.3～0.5	—
第二次注射[a]	第一种	1～3	—	—
	第二种	—	3～5	—
	第三种	1～3	—	3～5
[a]　任选一种剂量。				

两次注射的时间间隔与效应时间相同,见表3。

5.4.3 雄亲鱼的注射剂量

剂量为雌亲鱼注射剂量的一半。

雌亲鱼如采用两次注射法,当雌亲鱼注射第二次时注射雄亲鱼;雌亲鱼如采用一次注射法,雄亲鱼与雌亲鱼同时注射。

6 产卵和受精

6.1 效应时间

从注射催产剂到亲鱼产卵的时间间隔称为效应时间。效应时间随水温呈规律性变化,不同水温条件下的效应时间见表3。

表3 效应时间

单位为小时

水温℃	一次注射法	两次注射法
20~21	16~18	11~12
22~23	14~16	10~11
24~25	12~14	8~10
26~27	10~12	7~8
28~29	9~11	6~7

6.2 受精

6.2.1 自然受精

亲鱼注射催产剂后,让其在产卵池中自行产卵、排精,使精、卵在水中自行结合受精。

6.2.2 人工授精

根据水温推算效应时间,及时取卵、取精,盛放精、卵的器皿应干燥、洁净,精、卵避免阳光直射。所取精、卵在人工搅拌下,使之结合受精。一般采用干法和半干法两种:

——干法授精:把所取精、卵混合,再加水搅拌 1 min~2 min,使之受精。

——半干法授精:先用 0.8% 生理盐水稀释精液,然后与卵混合,再加水搅拌 1 min~2 min,使之受精。

附　录　A
（资料性附录）
卵球透明液配制方法

95％酒精:95 份;
10％福尔马林:10 份;
冰乙酸:5 份;
三者按上述比例混合即成。

————————————————

ICS 65.150
B 52

中华人民共和国水产行业标准

SC/T 1023—2006
代替 SC/T 1023—1989

青鱼催产技术要求

Technical demand for the induced spawning of black carp

2006-01-26 发布

2006-04-01 实施

中华人民共和国农业部 发布

前　言

　　本标准是对 SC/T 1023—1989《青鱼亲鱼　催产技术要求》的修订。修订时,内容增加催产剂种类"多巴胺受体拮抗物地欧酮"和"促排卵素2号",对相应的催产剂剂量做了修改和补充,并将附录B的内容纳入标准正文中。

　　本标准的附录A为资料性附录。

　　本标准由中华人民共和国农业部渔业局提出。

　　本标准由全国水产标准化技术委员会淡水养殖分技术委员会归口。

　　本标准起草单位:中国水产科学研究院长江水产研究所、浙江省淡水水产研究所。

　　本标准主要起草人:徐忠法、周瑞琼、沈仁澄、何力、杨国梁。

青鱼催产技术要求

1 范围

本标准规定了青鱼(*Mylopharyngodon piceus*)催产的环境条件、亲鱼选择、催产剂的使用及人工授精方法。

本标准适用于青鱼人工催产与人工授精。

2 规范性引用文件

下列文件中的条款通过本标准的引用而成为本标准的条款。凡是注日期的引用文件,其随后所有的修改单(不包括勘误的内容)或修订版均不适用于本标准,然而,鼓励根据本标准达成协议的各方研究是否可使用这些文件的最新版本。凡是不注日期的引用文件,其最新版本适用于本标准。

GB/T 5055 青鱼、草鱼、鲢、鳙 亲鱼

GB 11607 渔业水质标准

3 环境条件

3.1 催产季节

珠江流域:4 月底至 5 月中旬。

长江流域:5 月中旬至 6 月上旬。

3.2 催产水温与水质

催产水温为 22℃～29℃,最适水温为 25℃～28℃。水源充足,水质应符合 GB 11607 的规定。

3.3 产卵池

各种类型的产卵池均可使用,应保持 1 m～1.5 m 水位和一定的流量。

4 繁殖亲鱼的选择

4.1 亲鱼质量

青鱼亲鱼的质量应符合 GB/T 5055 的要求。

4.2 雌亲鱼的选择

4.2.1 外观选择

性成熟雌鱼的腹部有明显的卵巢轮廓,下腹部松软,泄殖孔前的鳞片疏松。

4.2.2 挖卵检查

用挖卵器挖取少许卵粒,置于载玻片或培养皿中观察,成熟卵粒分散、大小均匀、饱满。再滴加卵球透明液(参见附录 A),经 2 min～3 min 后观察,全部或绝大多数卵核偏位。

4.3 雄亲鱼的选择

轻压下腹部两侧,泄殖孔有乳白色精液流出,遇水后迅速散开。

4.4 配组

雌、雄亲鱼比例 1:1。

5 催产剂的使用

5.1 催产剂种类

常用青鱼催产剂有：

——鱼用促黄体素释放激素类似物（促排卵素2号 LRH‑A₂）；

——鱼用绒毛膜促性腺激素（HCG）；

——多巴胺受体拮抗物地欧酮（DOM）；

——鲤鱼脑垂体。

5.2 注射液的配制

5.2.1 鱼用促黄体素释放激素类似物注射液

用0.8%生理盐水溶解后稀释即成。

5.2.2 鱼用绒毛膜促性腺激素注射液

用0.8%生理盐水溶解后稀释即成。现配现用。

5.2.3 多巴胺受体拮抗物地欧酮注射液

取所需剂量的地欧酮干粉置于干燥的研钵中，加入少许0.8%生理盐水，研磨成糊状，再稀释至所需量。现配现用。用时摇匀。或直接用DOM水剂。

5.2.4 鲤鱼脑垂体注射液

取所需剂量的鲤鱼脑垂体，置于干燥研钵中研成粉末，然后加入少许0.8%生理盐水，研磨成悬浊液，再稀释至所需量。现配现用。

5.3 注射部位

胸鳍或腹鳍基部腹腔注射。

5.4 注射剂量

5.4.1 促熟注射剂量

催产前10 d～15 d，每千克体重注射 LRH‑A₂ 0.2 μg。

5.4.2 雌亲鱼催产注射剂量

采用二次注射法。下列方法可任选一种：

a) 第一次注射：每千克体重注射 LRH‑A₂ 5 μg；隔10 h～12 h，第二次注射：每千克体重注射 LRH‑A₂ 10 μg～12 μg 和 DOM 5 mg 或鲤鱼脑垂体 2 mg～3 mg。

b) 第一次注射：每千克体重注射 LRH‑A₂ 1 μg～2 μg 和 HCG 600 IU～1 000 IU；隔10 h～12 h，第二次注射：每千克体重注射 LRH‑A₂ 5 μg～7 μg 和鲤鱼脑垂体 0.5 mg～1 mg 或 DOM 5 mg。

5.4.3 雄亲鱼催产注射剂量

宜采用一次注射法。在雄亲鱼第二次注射时注射。剂量为雌亲鱼的1/2～2/3。

6 产卵和人工授精

6.1 效应时间

水温22℃～29℃时，第二次注射催产剂后7 h～10 h，亲鱼发情产卵。

6.2 人工授精

采用干法授精的方法获得受精卵。操作时，应符合以下要求：

a) 根据水温和效应时间及时取卵、取精；

b) 取用的精液应呈乳白色，入水即散开；

c) 用具在授精前应保持干燥、洁净；

d) 精、卵避免阳光直射；

e) 在精与卵混合之前，精或卵不能与水接触；

f) 精、卵混合后即加水搅拌1 min～2 min，再漂洗；然后，放入孵化器中孵化。

附　录　A
（资料性附录）
卵球透明液配制方法

95%酒精:95 份；

10%福尔马林:10 份；

冰乙酸:5 份；

三者按上述比例混合即成。

ICS 65.150
B 52

中华人民共和国水产行业标准

SC/T 1080.2—2006

建鲤养殖技术规范
第2部分：人工繁殖技术

Technical specifications for jian carp culture
Part 2: artificial propagation techniques

2006-01-26 发布

2006-04-01 实施

中华人民共和国农业部 发布

前　言

SC/T 1080《建鲤养殖技术规范》分为六个部分：
——第 1 部分：亲鱼；
——第 2 部分：人工繁殖技术；
——第 3 部分：鱼苗、鱼种；
——第 4 部分：鱼苗、鱼种培育技术；
——第 5 部分：食用鱼池塘饲养技术；
——第 6 部分：食用鱼网箱饲养技术；

本部分是 SC/T 1080 的第 2 个部分。

本部分由中华人民共和国农业部渔业局提出。

本部分由全国水产标准化技术委员会淡水养殖分技术委员会归口。

本部分起草单位：中国水产科学研究院淡水渔业研究中心。

本部分主要起草人：王建新、朱健、龚永生、张建森、孙小异。

建鲤养殖技术规范
第2部分:人工繁殖技术

1 范围

本部分规定了建鲤(*Cyprinus carpio* var.jian)亲鱼培育、繁殖环境条件、亲鱼的选择与配组、人工催产、授精及孵化技术。

本部分适用于建鲤的人工繁殖,其他鲤的人工繁殖可参照执行。

2 规范性引用文件

下列文件中的条款通过本标准的引用而成为本标准的条款。凡是注日期的引用文件,其随后所有的修改单(不包括勘误的内容)或修订版均不适用于本标准,然而,鼓励根据本标准达成协议的各方研究是否可使用这些文件的最新版本。凡是不注日期的引用文件,其最新版本适用于本标准。

GB 11607　渔业水质标准

NY 5051　无公害食品　淡水养殖用水水质

SC/T 1005—1992　鲤鱼杂交育种技术要求

SC/T 1008　池塘常规培育鱼苗鱼种技术规范

SC/T 1013　黏性鱼卵脱黏孵化技术要求

SC/T 1014　鲢鱼、鳙鱼亲鱼　培育技术要求

SC/T 1015　鲢、鳙　催产技术要求

SC/T 1026　鲤鱼配合饲料

SC/T 1080.1　建鲤养殖技术规范　第1部分:亲鱼

3 亲鱼培育

3.1 培育池

按 SC/T 1014 的规定执行。培育用水水质应符合 GB 11607、NY 5051 的规定。

3.2 亲鱼放养

每公顷放养亲鱼 1 500 kg～2 000 kg 为宜,雌、雄亲鱼应分池培育,池中可搭养少量鲢、鳙、鲂、草鱼等鱼类,严禁其他鲤、鲫混入。

3.3 培育管理

3.3.1 饲料与投喂

建鲤是杂食性鱼类,培育建鲤亲鱼的配合饲料应符合 SC/T 1026 的规定,日投饲量为鱼体重的 2%～4%。也可投喂豆饼、菜饼、麦芽、米糠、菜叶、螺蛳等,不要长期投喂单一的饲料。一般日投喂 2次,上午、下午各投喂 1 次。

3.3.2 亲鱼强化培育

亲鱼在越冬前一个月应投喂足量营养全面的饲料,以满足其越冬能量及性腺发育的需要。春季水温回升至 8℃以上时,应开始少量投喂;水温达 13℃以上时,应投喂足量营养全面的饲料,确保其性腺发育良好。

3.3.3 亲鱼产后培育

产后亲鱼应及时转入水质清新的培育池中培育,投喂足量营养全面的饲料,使其尽快恢复体质。

4 繁殖环境条件

4.1 繁殖季节

建鲤的产卵季节较其他鲤稍早,其繁殖季节见表1。

表 1 建鲤的繁殖季节

地 区	繁 殖 期	适宜繁殖期
珠江流域	3月上旬至4月下旬	3月上旬至4月上旬
长江流域	3月下旬至5月上旬	3月下旬至4月下旬
黄河流域及以北地区	4月上旬至6月中旬	4月上旬至5月上旬

4.2 繁殖水温

繁殖水温为16℃~28℃,最适水温为18℃~24℃。

4.3 水质

繁殖用水的水质应符合 GB 11607 和 NY 5051 的规定。

5 催产亲鱼的选择与配组

5.1 催产亲鱼的选择:建鲤亲鱼应符合 SC/T 1080.1 和 SC/T 1005—1992 中 7.1 的规定。

5.2 催产亲鱼的配组:雌雄比例按 SC/T 1005—1992 中 7.2 执行。

6 人工催产

6.1 催产药物

按 SC/T 1015 的规定执行。

6.2 催产剂量

6.2.1 亲鱼的催产剂量可在表2中任意选一种方法。

表 2 建鲤催产药物和剂量

亲鱼性别	注射方法	药 物	剂 量
雌（♀）	1	鱼用促黄体素释放激素类似物（LRH-A$_2$）	（2~4）μg/kg
		鱼用绒毛膜促性腺素（HCG）	（500~600）IU/kg
	2	鱼用促黄体素释放激素类似物（LRH-A$_2$）	（2~4）μg/kg
		鲤垂体（PG）	（2~4）mg/kg
	3	鲤垂体（PG）	（4~8）mg/kg
雄（♂）	注射方法和药物与雌亲鱼相同,剂量为雌亲鱼剂量的一半		
注:注射剂量为每千克鱼所需的药物量。			

6.2.2 注射液用 0.7% 的生理盐水配制,注射液用量为每千克鱼用 0.5 mL~1 mL。

6.3 注射方法

采用胸鳍基部或背部肌肉注射。一次注射和二次注射均可。采用二次注射时,第一次注射总剂量的 1/6~1/8,间隔 8 h~10 h 再进行第二次注射,注射全部余量。

6.4 效应时间

水温与注射后效应时间的关系见表3。

表3 水温与注射后效应时间的关系

水 温 ℃	一次性注射效应时间 h	二次注射效应时间 h
18～19	18～20	14～16
20～21	16～18	12～14
22～23	14～16	10～12
24～25	12～14	8～11
26～27	10～12	7～9

7 产卵与受(授)精

7.1 鱼巢制备

凡是细须多、柔软、不易发霉腐烂、无毒害的材料都可制作鱼巢,供建鲤所产黏性卵附着。常用的材料是棕片和柳树根等。用棕片做鱼巢,要先剪去硬边皮,经清洗、扯松、消毒后使用。消毒的方法有煮沸或用浓度为 50 mg/L 的高锰酸钾溶液浸泡 5 min～10 min。鱼巢消毒后,晾干备用。

7.2 自然产卵

7.2.1 产卵池准备:产卵池要求注排水方便,环境安静,阳光充足,水质清新,应与其他鲤、鲫鱼饲养池严格隔离。面积 0.05 hm² ～0.2 hm² 左右,水深 70 cm～100 cm,用前 7 d～15 d 彻底清塘,清塘方法按 SC/T 1008 规定执行。进水必须经孔径为 0.25 mm 的筛网过滤,池边和池内应无可供鲤产卵附着的杂物。

7.2.2 鱼巢布设:鱼巢可以用竹竿或绳子沿鱼池四周悬吊于水中,也可以用竹竿扎成筏状,鱼巢固定在竹竿上,然后置于水面之下。

7.2.3 并池产卵:当天气晴朗、水温适宜时,即可将成熟的亲鱼进行人工催产,注射药物后,按雌雄亲鱼 1:(1.5～2)的比例放入产卵池。每公顷可放亲鱼 1 500 尾～2 000 尾(或重量 1 800 kg～2 400 kg)。亲鱼放入产卵池后,加注新水,有利于亲鱼发情产卵。建鲤产卵的高峰期是下半夜至清晨,鱼巢应在建鲤发情产卵前按 7.2.2 的方法放入产卵池。

7.2.4 建鲤产卵后,如发现鱼巢上已布满鱼卵,应及时更换新的鱼巢。将布满鱼卵的鱼巢轻轻取出,转入孵化池静水孵化,也可放入流水孵化设施中流水孵化。

7.2.5 如遇亲鱼滞产或产卵情况不好时,可将大部分池水抽出,使亲鱼略露出水面"晒背",然后加注新水,能取得良好的产卵效果。

7.3 人工授精获卵

7.3.1 人工授精

接近效应时间时,亲鱼开始发情,这时检查雌鱼,轻压其腹部,若鱼卵能顺畅流出,即开始人工授精。

操作方法是:擦干亲鱼身上的水,先在 1 个干净的瓷碗或搪瓷盆内挤入少量雄鱼的精液,后挤入雌鱼的鱼卵,再挤入适量精液,用硬羽毛搅拌 2 min～3 min,即可将受精的鱼卵按 7.3.2 的方法进行着巢或按 7.3.3 的方法脱黏。操作过程中应避免阳光直射。

7.3.2 受精卵着巢

操作方法是:在一个大塑料盆或搪瓷盆内,加入清洁的水,均匀地铺放鱼巢。然后,一面缓缓地倒入受精卵,一面用手翻动容器内的水,将落入水中的受精卵散开,使受精卵均匀地散落并黏附在鱼巢上。

7.3.3 受精卵脱黏

按 SC/T 1013 的规定执行。

8 孵化

8.1 着巢卵的孵化

8.1.1 静水孵化

带有受精卵的鱼巢可在鱼苗培育池进行静水孵化,并在原池培育鱼苗。若采用此法孵化,应提前 7 d～15 d 严格清塘,孵化池水深 50 cm～70 cm,水质清新。鱼巢放置深度为水面下 10 cm～20 cm,着巢卵放置密度为每平方米 1 000 粒～1 500 粒。孵化期间要每天巡塘,注意天气和水质变化,做好水温及胚胎发育情况记录,发现蛙卵等杂物应及时清除。

8.1.2 流水孵化

带有受精卵的鱼巢也可使用孵化缸、孵化桶和孵化环道等设施进行流水孵化。每立方米水体可放着巢卵 60×10^4 粒～80×10^4 粒。当鱼苗出膜后鱼鳔显现、能平游时,则可出苗,进行鱼苗培育。

8.2 脱黏卵的孵化

按 SC/T 1013 的规定执行。

ICS 65.150
B 52

中华人民共和国水产行业标准

SC/T 1081—2006

黄河鲤养殖技术规范

Technical specifications for huanghe common carp culture

2006-01-26 发布

2006-04-01 实施

中华人民共和国农业部 发布

前　言

本标准的附录 A 为资料性附录。

本标准由中华人民共和国农业部渔业局提出。

本标准由全国水产标准化技术委员会淡水养殖分技术委员会归口。

本标准起草单位:河南省水产技术推广站、河南省农业厅水产局、河南省水产科学研究所。

本标准主要起草人:张西瑞、夏长安、冯建新、陈会克、刘守业、王新岭、刘熹。

黄河鲤养殖技术规范

1 范围

本标准规定了黄河鲤[*Cyprinus*(*Cyprinus*)*carpio haematopterus* Temminck et Schlegel]养殖的环境条件、亲鱼、繁殖、鱼苗鱼种的培育和质量要求,以及食用鱼饲养技术。

本标准适用于黄河鲤的养殖。

2 规范性引用文件

下列文件中的条款通过本标准的引用而成为本标准的条款。凡是注日期的引用文件,其随后所有的修改单(不包括勘误的内容)或修订版均不适用于本标准,然而,鼓励根据本标准达成协议的各方研究是否可使用这些文件的最新版本。凡是不注日期的引用文件,其最新版本适用于本标准。

GB 11607　渔业水质标准

GB/T 11777　鲢鱼鱼苗、鱼种质量标准

GB/T 11778　鳙鱼鱼苗、鱼种质量标准

GB/T 18407.4　农产品安全质量　无公害水产品产地环境要求

NY 5071　无公害食品　渔用药物使用准则

NY 5072　无公害食品　渔用配合饲料安全限量

SC/T 1008　池塘常规培育鱼苗、鱼种技术规范

SC/T 1013　黏性鱼卵脱黏孵化技术要求

SC/T 1015　鲢、鳙　催产技术要求

SC/T 1016.1　中国池塘养鱼技术规范　东北地区食用鱼饲养技术

SC/T 1016.2　中国池塘养鱼技术规范　华北地区食用鱼饲养技术

SC/T 1016.3　中国池塘养鱼技术规范　西北地区食用鱼饲养技术

SC/T 1016.4　中国池塘养鱼技术规范　西南地区食用鱼饲养技术

SC/T 1016.5　中国池塘养鱼技术规范　长江下游地区食用鱼饲养技术

SC/T 1016.6　中国池塘养鱼技术规范　长江中上游地区食用鱼饲养技术

SC/T 1016.7　中国池塘养鱼技术规范　珠江三角洲地区食用鱼饲养技术

SC/T 1026　鲤鱼配合饲料

SC 1043　黄河鲤

3 环境条件

养殖用水符合 GB 11607 的规定。

产地环境符合 GB/T 18407.4 的规定。

养殖场地符合 SC/T 1016.1～1016.7 的要求。

4 亲鱼

4.1 来源

4.1.1 从黄河中捕获并经选育的黄河鲤亲鱼。

4.1.2 持有国家或省发放的黄河鲤原(良)种生产许可证的原(良)种场生产的黄河鲤苗种,经专门培育成的亲鱼。

4.1.3 近亲繁殖的后代不得留作亲鱼。

4.2 种质与健康状况

4.2.1 黄河鲤亲鱼的种质应符合 SC 1043 的规定。

4.2.2 用作繁殖的黄河鲤亲鱼应体质健壮、无病、无伤、无畸形。

4.3 繁殖年龄和体重

亲鱼适宜繁殖年龄与允许繁殖最小体重见表1。

表1 亲鱼适宜繁殖年龄与允许繁殖最小体重

性　别	适宜繁殖年龄 龄	允许繁殖最小体重 kg
雌　鱼	3～6	1.0
雄　鱼	2～5	0.75

5 繁殖

5.1 产卵池清整、消毒

产卵池面积以 1 500 m² 左右为宜。黄河鲤亲鱼产卵前,应清除产卵池中的杂物,并进行消毒。常用方法有:

　　a) 干池清塘:放干池水,清淤,曝晒 3 d～5 d。然后用生石灰 100 g/m²～150 g/m²,以少量水化成浆全池泼洒,之后耙一遍。隔日注水至 1.0 m～1.5 m,7 d 后放鱼。

　　b) 带水清塘:

　　　　1) 石灰清塘:用生石灰在池边溶化成浆,均匀泼洒,使池水浓度达到 200 mg/L～250 mg/L,10 d 后加水至 1.0 m～1.5 m,即可放鱼。

　　　　2) 漂白粉清塘:20 mg/L,用含有效氯30%的漂白粉加水溶解后,立即全池泼洒。10 d 后加水至 1.0 m～1.5 m,即可放鱼。

5.2 亲鱼的放养

5.2.1 雌雄鉴别

性成熟的雌鱼腹部膨大而圆、较柔软,肛门突出或红肿;雄鱼腹部较小、较硬,轻压腹部有乳白色精液流出。

5.2.2 放养时间

当池塘水温回升并稳定在 16℃ 以上时,即可放养亲鱼。

5.2.3 性比

雌雄亲鱼的放养比例为 1∶1～1.5。

5.2.4 放养密度

一般每 667m² 水面放养亲鱼不应超过 350 kg。

5.3 亲鱼培育

5.3.1 投饲

投喂配合颗粒饲料或煮熟的黄豆;日投饲量为鱼体重的 2%～5%。

5.3.2 巡塘

观察池水水色和透明度的变化,严防缺氧浮头;观察亲鱼的活动情况,及时清除池中的杂物;每周注水 1 次～2 次,改良水质,以利亲鱼性腺发育。

5.4 自然繁殖

5.4.1 鱼巢设置

当水温稳定在 18℃以上,发现亲鱼有追逐发情现象时,须在当日午夜前铺设好鱼巢。

5.4.2 鱼巢材料

鱼巢一般选用洁净的聚草、眼子草、金鱼藻等水草;也可选用经水煮的棕片或高锰酸钾等药物浸泡的网片等材料消毒后,制成束状使用。

5.4.3 鱼巢设置方式和密度

鱼巢一般铺设成方阵形式。每千克雌鱼需鱼巢 2 束～5 束。

5.4.4 移巢

附着卵后的鱼巢应及时移入孵化池中。

5.5 人工繁殖

5.5.1 催产亲鱼配组

催产亲鱼的雌雄配组比例为 1：1。

5.5.2 催产药物

催产药物种类有鲤脑垂体(PG)、鱼用绒毛膜促性腺激素(HCG)、鱼用促黄体素释放激素类似物(LRH-A)和多巴胺受体颉颃物地欧酮(DOM)。

5.5.3 催产剂量

5.5.3.1 每千克雌亲鱼催产剂量可任选下列一种:

    a) 鲤脑垂体(PG) 4 mg～8 mg;

    b) 绒毛膜促性腺激素(HCG) 400 IU～600 IU;

    c) 促黄体素释放激素类似物(LRH-A$_2$) 5 μg～10 μg。

5.5.3.2 雄亲鱼催产剂量为雌鱼的一半。

5.5.3.3 注射液用 0.7%的生理盐水配制,注射液用量为每千克鱼用 0.5 mL～1.0 mL。

5.5.4 注射方法

用注射器从胸鳍基部后侧凹陷处倾斜 45°注入鱼体内,针尖刺入体内 1.0 cm～1.5 cm;或背鳍基部挑开鳞片作肌肉注射。注射次数分一次或两次注射:

    a) 一次注射:将预备的剂量一次全部注入鱼体。

    b) 两次注射:第一次注射总剂量的 1/10～1/8,第二次注射余下的全部剂量。两次注射的间隔时间参考表 2。

5.5.5 效应时间

一次注射的效应时间一般为 14 h～16 h。

两次注射的水温与效应时间的关系见表 2。

表 2 水温与效应时间的关系

水 温 ℃	从第二针到亲鱼发情间隔时间 h	从第二针到亲鱼产卵的间隔时间 h
18～19	13～14	14～15
20～21	10～11	11～12
22～23	9～10	10～11

5.5.6 人工授精

人工授精按 SC/T 1015 的规定执行。

5.6 孵化

5.6.1 脱黏孵化按 SC/T 1013 的规定执行。

5.6.2 亦可在鱼苗培育池进行静水自然孵化，原池培育鱼苗。若采取静水自然孵化，须提前 15 d～20 d 严格清塘，保持水质清新，水深 1.0 m 左右。

6 鱼苗、鱼种的培育

鱼苗、鱼种培育按 SC/T 1008 的规定执行。

7 鱼苗、鱼种的质量

7.1 鱼苗质量

7.1.1 外观

7.1.1.1 肉眼观察 95% 以上的鱼苗卵黄囊消失、鳔充气、能平游，且鱼体透明，有光泽，不呈黑色。

7.1.1.2 鱼苗集群游动，行动活泼，在容器中轻搅水体，90% 以上的鱼苗有逆水游动能力。

7.1.2 可数与可量指标

7.1.2.1 可数指标：畸形率小于 3%；伤病率小于 1%。

7.1.2.2 可量指标：95% 以上的鱼苗全长应达到 6.5 mm。

7.2 鱼种质量

7.2.1 外观

7.2.1.1 体形正常；鳍条、鳞被完整。

7.2.1.2 体表光滑有黏液，色泽正常，游动活泼。

7.2.2 可数与可量指标

7.2.2.1 可数指标：畸形率小于 1%；伤病率小于 1%（不带有危害性大的传染病个体）。

7.2.2.2 可量指标：各种规格（全长）的鱼种重量应符合表 3 规定。

表 3 黄河鲤鱼种全长与体重

全长 cm	体重 g	每千克重尾数 尾	全长 cm	体重 g	每千克重尾数 尾	全长 cm	体重 g	每千克重尾数 尾
2.0	0.106	9 434	8.0	9.2	109	14.0	48.3	20.7
2.5	0.226	4 425	8.5	11.8	85	14.5	54.4	18.4
3.0	0.408	2 451	9.0	13.1	76	15.0	63.2	15.8
3.5	0.809	1 236	9.5	15.3	65	15.5	77.2	13.0
4.0	1.152	868	10.0	16.2	62	16.0	81.7	12.2
4.5	1.974	507	10.5	21.2	47.2	16.5	86.1	11.6
5.0	2.133	469	11.0	23.2	43.1	17.0	91.8	10.9
5.5	2.9	345	11.5	26.1	38.3	17.5	98.6	10.1
6.0	3.5	286	12.0	29.5	33.9	18.0	105.8	9.5
6.5	5.1	196	12.5	34.4	29.1	18.5	115.2	8.7
7.0	5.8	172	13.0	37.9	26.4	19.0	123.7	8.1
7.5	7.7	130	13.5	41.7	24.0	19.5	133.3	7.5

7.2.3　检疫

不带有患出血病、肠炎病、赤皮病、烂鳃病、黏孢子虫病、鲤春病毒病及其他危害严重的传染性疫病、原生动物及单殖吸虫病病原的个体。

8　食用鱼饲养

8.1　鱼种放养

8.1.1　放养前的准备

鱼种放养前应做好池塘的维修、清整、消毒、注水和试水等工作,具体方法按 SC/T 1008 的规定执行。

8.1.2　鱼种来源和质量要求

由符合第 4 章规定的亲鱼繁殖的后代,经培育而成的鱼种,其质量应符合第 7 章的规定。

8.1.3　放养类型

依据各地饲养习惯可采用投喂配合饲料的饲养方式或者施肥与投饲相结合的饲养方式。根据高产、中产、低产的饲养目标,可采用套养或主养两种类型。黄河流域及以北地区(华北、东北、西北地区)以投喂配合饲料主养黄河鲤较为普遍,放养模式见表 4,其他养殖方式或类型按 SC/T 1016.1～1016.3 的规定执行。长江流域及以南地区(西南、长江下游、长江中上游、珠江三角洲地区)养殖黄河鲤的放养类型和比例分别按 SC/T 1016.4～1016.7 的规定执行。

表 4　主养黄河鲤模式的鱼种投放规格与密度

模式	模式一:放养 1 冬龄鱼种		模式二:放养夏花鱼种	
放养种类	投放规格 g	每 667 m² 放养尾数 尾	投放规格 g	每 667 m² 放养尾数 尾
黄河鲤	25～150	1 000～1 500	5～15	1 000～1 500
鲢鱼	50～100	250～400	0.2～1	2 500～4 000
鳙鱼	75～150	30～50	0.2～1	300～500
注:表中"投放规格"一栏提供了供选择的范围,同一池塘投放鱼的规格应尽可能一致。				

由于我国地域辽阔,南北方气候差异较大,且市场对鲤鱼消费规格需求不一样,各地可因地而异,适当调整放养数量。

8.2　饲养管理

8.2.1　饲料

应使用配合颗粒饲料,使用的饲料应符合 SC/T 1026 和 NY 5072 的规定。

8.2.2　投饲

以投喂配合饲料主养黄河鲤时,投饲应采用驯化投饲方法。当水温达到 12℃ 以上时,需要每天投饲,水温在 12℃～22℃时,每天投饲 1 次～2 次。水温在 23℃ 以上时,每天投饲 2 次～4 次。投饲量参见附录 A,并根据天气、水色、鱼类活动及摄食情况酌情增减。

其他养殖类型的投饲及施肥原则按 SC/T 1016.1～1016.7 的规定执行。

8.2.3　水质调节

8.2.3.1　物理调节

常用的物理调节方法有:

a)　换、加水调节。在夏秋季,每月加水 2 次,每次加水量为池水的 5%～20%。鱼池缺氧或水质过肥时,可加大换水量。

  b) 机械调节。在 7 月～9 月高温季节,中午及晚上均需开动增氧机,晴天下午 2:00～3:00 开机;雷暴雨天气,可适当延长夜间开机时间。

8.2.3.2 化学调节

当池水 pH 在 7 以下时,可全池泼洒生石灰,每次用量为 20 mG/L,直至池水 pH 为 7.0～8.5。

8.2.3.3 生物调节

生物调节方法有:

  a) 放养适量的鲢、鳙鱼,控制藻类过量繁殖。鲢、鳙鱼种的质量应符合 GB/T 11777 、GB/T 11778 的规定。

  b) 当黄河鲤达到出池规格时,即捕捞上市或分池饲养,以利水质稳定。

  c) 使用光合细菌或其他调节水质的微生态制剂。

8.2.4 日常管理

8.2.4.1 巡塘

坚持早、晚巡塘,观察水色变化,有无浮头及病害情况,并根据实际情况决定是否调水或开增氧机的时间。

8.2.4.2 防止浮头、泛池

按 8.2.3.1 的措施处理或泼洒增氧剂(如过氧化钙等)。

8.2.4.3 池塘清洁卫生

饲养期间,每月用生石灰全池泼洒 1 次,每次用量为 20 mg/L,以改善水质,保持池水清洁卫生。

8.3 病害防治

坚持以预防为主:鱼种放养前,彻底清塘消毒;鱼种入池前应检疫、消毒;饲养过程中应注意环境的清洁、卫生;拉网操作要细心,避免鱼体受伤。

发现鱼病应及时检查确诊,对症下药。药物的使用应符合 NY 5071 的要求。

8.4 停饲期

为了保证黄河鲤的品质,便于长途运输,在食用鱼上市前应有适当的停饲时间:水温在 16℃ 以下时,应为 7 d 以上;水温在 16℃～25℃时,应为 5 d～3 d 以上;水温在 25℃ 以上时,应为 2 d 以上。

附　录　A

（资料性附录）

鲤鱼配合饲料日投饲率表　　　　　　　　　　　　单位为百分率

体重 g		50～100	100～200	200～300	300～400	400～600	600～700	700～900
温度 ℃	15	2.0	1.5	1.4	1.0	0.9	0.6	0.2
	18	2.6	1.8	1.7	1.4	1.2	0.9	0.3
	20	3.0	2.4	2.0	1.5	1.4	1.0	0.5
	22	3.4	3.0	2.7	1.7	1.6	1.1	0.6
	24	3.9	3.6	3.8	2.2	2.0	1.4	0.8
	26	4.5	4.2	3.3	2.6	2.5	2.0	1.2
	28～30	5.2	4.8	3.8	3.0	3.0	2.3	1.4

注：表中数值为日投饲量占鱼体重的百分比。

ICS 65.150
B 52

DB33

浙 江 省 地 方 标 准

DB33/T 546.1—2016
代替 DB33/T 546.1—2005，DB33/T 546.4—2008

翘嘴鲌苗种繁育技术规范

Technical specifications for breeding of *Culter alburnus*

2016-03-18 发布
2016-04-18 实施

浙江省质量技术监督局 发布

前　言

本标准按照 GB/T 1.1—2009 给出的规则起草。

本标准代替 DB33/T 546.1—2005《无公害翘嘴红鲌　第1部分：人工繁育技术规范》和 DB33/T 546.4—2008《无公害翘嘴红鲌　苗种》，与 DB33/T 546.1—2005 和 DB33/T 546.4—2008 相比，除编辑性修改外主要技术变化如下：

——增加了对标准 SC/T 1077《渔用配合饲料通用技术要求》和 SC/T 9101《淡水池塘养殖水排放要求》的引用；

——增加了对产卵池、孵化环道、孵化桶等繁殖用设施要求；

——明确了亲鱼强化培育期间的饵料选择；

——增加了对产卵池中的水流要求；

——明确了翘嘴鲌适宜的产卵方式；

——调整了亲鱼雌雄配组比例；

——增加了对催产后亲鱼的处理要求；

——明确了催产药物注射部位。

本标准由浙江省海洋与渔业局提出。

本标准由浙江省水产标准化技术委员会归口。

本标准起草单位：浙江省淡水水产研究所、浙江省水产技术推广总站。

本标准主要起草人：贾永义、顾志敏、蒋文枰、刘士力、何丰、郭建林、黄小红、陈智慧。

翘嘴鲌苗种繁育技术规范

1 范围

本标准规定了翘嘴鲌(*Culter alburnus*)苗种繁育的术语和定义、环境与设施、亲鱼要求、亲鱼培育、产卵与孵化、鱼苗培育、鱼种培育、病害防治、苗种质量及苗种运输技术等内容。

本标准适用于翘嘴鲌苗种的生产与质量评定。

2 规范性引用文件

下列文件对于本文件的应用是必不可少的。凡是注日期的引用文件,仅注日期的版本适用于本文件。凡是不注日期的引用文件,其最新版本(包括所有的修改单)适用于本文件。

GB 11607 渔业水质标准

NY/T 394 绿色食品 肥料使用准则

NY 5051 无公害食品 淡水养殖用水水质

NY 5071 无公害食品 渔用药物使用准则

NY 5072 无公害食品 渔用配合饲料安全限量

NY 5361 无公害食品 淡水养殖产地环境条件

SC/T 1077 渔用配合饲料通用技术要求

SC/T 9101 淡水池塘养殖水排放要求

3 术语与定义

下列术语和定义适用于本标准。

3.1

鱼苗

卵黄囊基本消失、鳔充气、能平游和主动摄食的仔鱼。

3.2

夏花鱼种

鱼苗培育至体表鳞片、鳍条长全,外观已具有成体基本特征的鱼种,全长 3.0 cm～4.0 cm。

3.3

冬片鱼种

夏花继续培育至当年冬季的鱼种,全长 8.0 cm～15.0 cm。

3.4

畸形率

形状不规则的个体数占苗种总数的百分比。

3.5

损伤率

苗种的鳍条、鳞片及外部器官不完整或缺失的个体数占苗种总数的百分比。

4 环境与设施

4.1 环境条件

水源充足、排灌方便，无污染源。池塘环境、底质、水质应符合 NY 5361、GB 11607 和 NY 5051 的规定。

4.2 设施要求

4.2.1 培育池塘

池底平坦，不渗水，淤泥厚度不大于 20 cm，池塘面积、水深要求见表 1。

表 1 培育池塘要求

类别	面积，m²	水深，cm
鱼苗培育池	600～2 000	80～120
鱼种培育池	1 000～3 000	100～150
亲鱼培育池	600～2 000	150～200

4.2.2 产卵池

圆形水泥池，直径 6 m～8 m，池深 0.8 m～1.0 m。池壁光滑，池底呈锅底状，设有集卵箱（网目 60 目，50 cm×60 cm）。

4.2.3 孵化环道

单环形水泥池，外径大于 5 m，宽 0.8 m～1.0 m，池深 0.6 m～0.8 m。

4.2.4 孵化桶

用白铁皮或 PVC 塑料焊接而成的漏斗形孵化器，容水量 100 L～300 L，窗纱网目 80 目～120 目。

4.2.5 增氧设施

按每 667 m² 培育池配备增氧机 0.3 kW～0.5 kW。

5 亲鱼要求

5.1 来源

亲鱼应来源于江河、湖泊等天然水域或原、良种场，符合种质标准要求。

5.2 外观

体质健壮，无伤，无畸形，无病症。

5.3 年龄和规格

以 3 龄～4 龄为宜，体重 1 kg 以上。

6 亲鱼培育

6.1 放养

6.1.1 池塘消毒

放养前 10 d～15 d，用生石灰带水或干塘消毒，用量以 75 kg/667 m²～150 kg/667 m² 为宜。

6.1.2 放养密度

每 667 m² 放养 200 kg～300 kg。

6.2 强化培育

6.2.1 投饲

以无病害的小规格鲜活饵料鱼为主，辅以人工配合饲料，配合饲料要求符合 SC/T 1077 的规定。每天投饲量为鱼体重的 2%～5%，具体视水温和摄食情况灵活掌握。

6.2.2 冲水刺激

开春后适当降低水位提高水温，4 月中旬开始，每周冲注新水 1 次～2 次，定时开机增氧，5 月下旬停止注水。

7 产卵与孵化

7.1 水质

产卵、孵化用水要经过 100 目～120 目双层筛网过滤,溶解氧 5 mg/L 以上。

7.2 催产

7.2.1 时间

以 6 月上旬至 7 月中旬为宜,水温 23℃～30℃,最适 25℃～28℃。

7.2.2 雌雄鉴别

雄鱼头部和体表手摸有粗糙感,腹部不膨大,轻压腹部有乳白色精液流出,入水即散开。雌鱼头部和体表腹部光滑,腹部膨大而柔软,两侧卵巢轮廓明显,生殖孔微红。

7.2.3 雌雄配组

选择个体大、健壮、无伤,性腺发育良好的亲鱼,按雌雄比 1∶(1～1.5)配组。

7.2.4 催产剂量

雌鱼按每千克体重注射绒毛膜促性腺激素(HCG)1 000 IU～2 000 IU 和促黄体素释放激素 2 号(LRH-A$_2$)5 μg～10 μg。雄鱼剂量减半。

7.2.5 注射方法

采用腹腔注射法,注射部位以腹鳍基部为宜,一次性注射。

7.2.6 效应时间

催产后的效应时间见表2。

表 2　催产效应时间

水温,℃	效应时间,h	水温,℃	效应时间,h
23～24	> 10	26～27	7.5～8.5
24～25	9～10	27～28	7～8
25～26	8～9	28～29	6.5～7.5

7.3 产卵

7.3.1 方式

注射催产剂后,按每产卵池放入 30 组～40 组亲鱼,产卵池上方加盖网衣,保持冲水,避免人为干扰。

7.3.2 收集

待发情产卵后 5 h～10 h,及时将亲鱼捕出,收集受精卵,带水放入孵化环道或孵化桶孵化。催产后亲鱼经 0.1 mg/L 聚维酮碘消毒处理后放回池塘培育。

7.4 孵化

7.4.1 方式

采用孵化环道或孵化桶孵化,孵化水流速度以鱼卵不沉积为度。

7.4.2 密度

孵化桶 30×10^4 粒/m^3～50×10^4 粒/m^3,孵化环道 50×10^4 粒/m^3～80×10^4 粒/m^3。

7.5 出苗时间

水温 24℃～27℃,受精卵经 24 h～36 h 孵化出膜。鱼苗出膜后 2 d～3 d,体鳔形成、能在水中平游时,即可带水出苗,进入苗种培育阶段。

8 夏花鱼种培育

8.1 池塘清整

放养前 10 d～15 d,每 667 m² 用 75 kg～150 kg 的生石灰干塘消毒。

8.2 饵料培养

消毒后 2 d～3 d,注入经 60 目～80 目筛绢过滤的新水 40 cm～50 cm,每 667 m² 施经发酵的有机肥 100 kg～200 kg。肥料使用应符合 NY/T 394 的规定。

8.3 鱼苗放养

鱼苗质量应符合本标准 11.1 要求。每 667 m² 放养鱼苗 10 万尾～20 万尾。

8.4 饲养管理

8.4.1 投饲管理

鱼苗下池后,每 10 万尾鱼苗每天均匀泼洒黄豆浆 1.5 kg～2 kg。鱼苗全长 2 cm 后,增加投喂粉状全价配合饲料,每 667 m² 每天 2 kg～3 kg,分上午、下午 2 次投喂。

8.4.2 水质管理

下塘一周后,每 3 d～5 d 加注一次,每次 10 cm～15 cm。水深 80 cm～100 cm 后,采用调水方式,使透明度保持在 20 cm～30 cm。

8.5 出苗时间

鱼苗全长至 3.0 cm 以上即可出池,进入冬片鱼种培育阶段。

9 冬片鱼种培育

9.1 放养前准备

池塘清整、基础饵料培养同本标准的 8.1 和 8.2。

9.2 鱼种放养

夏花质量应符合本标准 11.2 要求。每 667 m² 放养 1 万尾～1.5 万尾。放养前用 3％～5％食盐水浸浴 3 min～5 min。

9.3 饲养管理

9.3.1 投饲管理

9.3.1.1 饲料种类

鱼种全长 8 cm 以前以粉状配合饲料为主,8 cm 以后以膨化颗粒饲料为主,粗蛋白质含量要求 40％以上。饲料使用规则及其安全限量应符合 SC/T 1077 和 NY 5072 的规定。

9.3.1.2 投饲方法

日投喂占鱼体重总量 2％～5％的膨化配合饲料,以 1 h 吃完为度,分上午 1 次、下午 2 次投喂。

9.3.2 水质管理

每 5 d～7 d 加换一次新水,每次换水量 10 cm～15 cm,池水透明度控制在 25 cm～30 cm。排放用水应符合 SC/T 9101 要求。定期交替使用生石灰或氯、溴制剂等消毒水体,用微生物制剂调节水质。常用消毒剂使用方法见表3。

表 3　常用消毒剂使用方法

种类	用法	用量,mg/L
生石灰	30 d 1 次,全池泼洒	8～10
三氯异氰尿酸	15 d 1 次,全池泼洒	0.1
二氧化氯	15 d 1 次,全池泼洒	0.1～0.2
二溴海因	15 d 1 次,全池泼洒	0.2～0.3

9.3.3 日常管理

每天巡塘早晚各一次,观察和记录天气、水质、鱼的吃食活动和生长情况。

9.4 出苗时间

鱼种培育至 8.0 cm 以上时即可出池,进入成鱼养殖阶段。

10 常见病防治

10.1 常见病种类

主要有指环虫病、小瓜虫病等寄生虫病和烂鳃病、出血病等细菌性疾病。

10.2 治疗措施

细菌性疾病治疗可用含氯、溴消毒剂全池泼洒,连用 2 次～3 次。寄生虫病治疗可内服中草药驱虫药,同时结合外消,连用 3 d～5 d。

10.3 用药要求

不宜使用对翘嘴鲌敏感的高锰酸钾、硫酸铜硫酸亚铁合剂等药物,生石灰、三氯异氰尿酸使用应注意安全限量,其他渔药使用应符合 NY 5071 要求。

11 苗种质量

11.1 鱼苗要求

11.1.1 外观

鱼苗鱼体透明,色泽光亮,不呈黑色。喜集群游动,行动活泼,有逆水能力。

11.1.2 指标

畸形率小于 1‰,损伤率小于 1‰。无病症,不得检出违禁药物残留。

11.2 夏花鱼种要求

11.2.1 外观

体形正常,体表光滑,有黏液,色泽正常,游动活泼,鳍条、鳞片完整。

11.2.2 指标

畸形率小于 2‰,损伤率小于 2‰。95％以上全长达到 3.0 cm～4.0 cm。无病症,不得检出违禁药物残留。

11.3 冬片鱼种要求

11.3.1 外观

外观要求同本标准的 6.1 部分。

11.3.2 指标

畸形率小于 1‰,损伤率小于 1‰。90％以上全长达到 8.0 cm～15.0 cm。无病症,不得检出违禁药物残留。

12 运输

12.1 亲鱼运输

12.1.1 捕捞

亲鱼运输前应停食 1 d～2 d,避免用手抄网等易造成亲鱼应激的捕捞工具或方式。

12.1.2 运输

用充氧活水车或者橡胶氧气袋充气运输,时间以 11 月至翌年 2 月为宜。

12.2 鱼苗运输

12.2.1 集苗

鱼苗出膜后 3 d～4 d,从孵化设施中收集鱼苗,全程应带水操作。

12.2.2 运输

一般采用尼龙袋充氧运输。规格 30 cm×30 cm×40 cm 的塑料袋,运输时间 10 h 以内,每袋装苗 3 万尾～8 万尾为宜。装苗时应注意清除杂物,水温超过 25℃或长途运输,应采取适当降温措施。

12.3 夏花鱼种运输

12.3.1 捕捞

出塘前 2 d～3 d 拉网锻炼 1 次～2 次,隔天 1 次。捕捞时间一般在早晨或傍晚。

12.3.2 运输

一般采用充氧活水车或者尼龙袋充氧运输。运输前应先在网箱内微流水密集暂养 12 h 后再装运。充氧活水车装水量为 6 m³～12 m³,密度为 10 万尾/m³～15 万尾/m³。尼龙袋规格 50 cm×50 cm×70 cm,密度为 1 000 尾/袋～1 500 尾/袋。运输时间控制在 8 h 以内,避免水温变化过大。

12.4 冬片鱼种运输

12.4.1 捕捞

起捕时间 11 月至翌年 3 月。起捕前应停食 2 d,运输前在网箱内微流水密集暂养 3 h 以上。

12.4.2 运输

采用充氧活水车或者尼龙袋充氧运输,充氧活水车要求装水量为 6 m³～12 m³,密度为60 kg/m³～80 kg/m³;尼龙袋规格 30 cm×30 cm×70 cm,每袋装水 6 kg～7 kg,放鱼种 0.5 kg～0.75 kg。运输适温为 5℃～15℃。

13 模式图

翘嘴鲌苗种标准化繁育模式图参见附录 A 图 A.1。

附 录 A
（资料性附录）
翘嘴鲌苗种标准化繁育模式图

○ 亲鱼培育

亲鱼应来源于江河、湖泊等天然水域或原良种场，外观体质健壮、无病、无畸形，年龄以3龄～4龄为宜，体重1kg以上。培育密度为每667m²放养200kg～300kg。每天投喂天然鲜活饵料或小规格鲜活饵料鱼，投饲量为鱼体重的3%～5%，具体视水温和摄食情况灵活掌握。

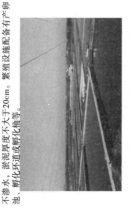

○ 繁育场地环境与设施

场址要求水源充足，无污染源，无污染。池底平坦，淤泥厚度不大于20cm。排灌方便，繁殖设施配备有产卵池、孵化环道或孵化桶等。

○ 夏花培育

放苗前10d～15d，消毒后2d～3d，用75kg/667m²～150kg/667m²的生石灰干塘消毒，并注入经60目～80目筛绢过滤的新水40cm～50cm，每667m²施腐熟有机肥100kg～200kg。每667m²放养鱼苗10万尾。鱼苗全长2cm后，增加投喂豆粉，豆粉用量为每667m2施2kg/667m²～3kg/667m²，分上、下午2次投喂。第3d～5d加注一次水，每次10cm～15cm，水深80cm～100cm左右，使透明度保持在20cm～30cm。

○ 产卵与孵化

6月中旬至7月上旬，选择个体大、健壮、无伤、性腺发育良好的亲鱼。其中雄鱼头部和体表手摸有粗糙感，腹部不膨大，轻压腹部有乳白色精液流出，入水即散开；雌鱼腹部和体表较光滑，腹部膨大而松软，两侧卵巢轮廓明显，生殖孔微红。一次性腹腔注射绒毛膜促性腺激素（HCG）1 000IU/kg～2 000IU/kg利促黄体素释放激素2号（LRH-A2）5µg/kg～10µg/kg，雄鱼剂量减半。注射催产剂按雌雄比1：（1～1.5）配组放入产卵池（30组～40组），产卵后5h～10h，及时将亲鱼捕出，收集受精卵，放回池塘培育。待产卵后亲鱼经0.1mg/L聚维酮碘消毒处理后放回池塘培育，带水盖卵放入孵化桶或孵化环道孵化。催产卵后亲鱼经0.1mg/L聚维酮碘消毒处理后放回池塘培育，孵化环道以鱼卵不沉积为度，孵化密度为每孵化桶30×10⁴粒/m³～50×10⁴粒/m³，孵化环道化水流以鱼卵不沉积或孵化桶不沉积为度，孵化密度为50×10⁴粒/m³～80×10⁴粒/m³。

○ 冬片培育

每667m²投放1万尾～1.5万尾鱼苗（全长3.0cm以上）。放养前用3%～5%食盐水浸养3min～5min。鱼种全长8cm以前以粉状全价配合饲料为主，8cm以后以膨化全价配合饲料为主，粗蛋白质含量要求40%以上。日投喂量占每天总量的3%～5%，以1h吃完为度，每天2次～3次。每5d～7d加换一次新水，每次换水量10cm～15cm，水深25cm～30cm。定期交替使用生石灰或氯制剂等调节水质，定期用微生态制剂调节水体，用微生物调水剂。鱼种培育至8.0cm以上时即可出池，进入成鱼养殖阶段。

○ 苗种质量

鱼苗要求鱼体透明，色泽光亮，不呈黑色，畸形率小于1%，夏花要求外观体形正常、色泽正常、游动活泼，鳞片完整，体表光洁。损伤率小于2%，95%以上全长达到3.0cm～4.0cm。鳍条、鳍片小于1%，畸形率小于2%，90%以上全长达到8.0cm～15.0cm。要求夏花、畸形率小于1%，体表无病症，不得检出其他寄生物残留。

○ 运输

亲鱼运输：运输前应停食1d～2d，尽量避免造成亲鱼体过分应激。用充氧活水车或橡胶氧气袋充氧运输，时间以11月至翌年2月为宜。鱼苗运输（带水运输）2d～3d。尼龙袋充氧运输密度为3万尾/袋～8万尾/袋，运输时间控制在10h以内。夏花运输，拉网锻炼1次～2次。早晨或傍晚捕捞，运输前上箱密集，保持微流水12h以上。充氧活水车运输密度为10万尾/m³～15万尾/m³，尼龙袋充氧运输密度为1500尾/袋～2000尾/袋。冬片运输，起捕前尽量做好集箱密度，运输前保持微流水3h以上。充氧活水车运输温度在5℃～10℃。出塘前2d～3d。拉网锻炼1次～2次，早晨或傍晚捕捞，保持微流水3h以上。充氧活水车运输密度为60kg/m³～80kg/m³，尼龙袋运输密度为0.5kg/袋～0.75kg/袋。起捕时尽量保持鱼体，运输时鱼体水温保持在5℃～10℃。

○ 常见病防治

常见病种类主要有小瓜虫病、指环虫病、车轮虫病、小瓜虫病等寄生虫病和烂鳃病、出血病等细菌性疾病。细菌性疾病治疗可用含氯、溴的消毒剂全池泼洒，硫酸铜硫酸亚铁合剂的高锰酸钾、硫酸铜硫酸亚铁合剂等药物。寄生虫病治疗可内服中草药驱虫药，连用3d。不宜使用对翘嘴鲌敏感的三氯异氰尿酸等药物，三氯异氰尿酸使用应符合NY 5071要求。出病后细菌性疾病治疗可用含氯、溴的消毒剂全池泼洒，同时结合外消，连用3d。不宜使用对翘嘴鲌敏感的高三氯异氰尿酸使用应注意安全限量，其他渔药使用应符合NY 5071要求。

图A.1 翘嘴鲌苗种标准化繁育模式图

ICS 65.150
B 52

DB33

浙 江 省 地 方 标 准

DB33/T 488—2012
代替 DB33/T 488.1—2004，DB33/T 488.2—2004

三角鲂养殖技术规范

Technical specifications for aquaculture of *Megalobrama terminalis*

2012-12-28 发布

2013-01-28 实施

浙江省质量技术监督局 发布

前　言

本标准按照 GB/T 1.1—2009 给出的规则起草。

本标准代替 DB33/T 488.1—2004《无公害三角鲂　第 1 部分：繁殖技术规范》和 DB33/T 488.2—2004《无公害三角鲂　第 2 部分：养殖技术规范》，删减了于 2010 年 11 月 24 日废止的第 3 部分(DB33/T 488.3—2004)《无公害三角鲂　第 3 部分：产品质量安全》。除编辑性修改外主要技术变化如下：

——删除了对主养、夏花鱼种、仔口鱼种的术语和定义；

——改进了三角鲂亲鱼培育池塘要求；

——改进了三角鲂亲鱼池塘培育饲养管理要求；

——改进了三角鲂人工繁殖催产剂使用；

——改进了三角鲂人工授精脱黏方法；

——改进了三角鲂受精卵人工孵化用水的筛绢过滤要求；

——改进了三角鲂池塘培育夏花鱼种的培育方式；

——改进了三角鲂池塘培育冬片鱼种和成鱼养殖的饲料营养和投饲技术；

——改进了三角鲂网箱养殖鱼种放养要求；

——规范了三角鲂网箱养殖网箱网目要求；

——规范了三角鲂运输的相关内容。

请注意本文件的某些内容可能涉及专利。本文件的发布机构不承担识别这些专利的责任。

本标准由浙江省海洋与渔业局提出。

本标准由浙江省水产标准化技术委员会归口。

本标准起草单位：杭州市农业科学研究院。

本标准主要起草人：郭水荣、冯晓宇、刘新轶、谢楠、王宇希、许宝青、林启存、姚桂桂。

本标准代替了 DB33/T 488.1～2—2004。

DB33/T 488—2004 的历次版本发布情况为：

——DB33/T 488—2004。

三角鲂养殖技术规范

1 范围

本标准规定了三角鲂（*Megalobrama terminalis*）养殖环境条件、人工繁殖、苗种培育、成鱼养殖、病害防治及运输的相关内容。

本标准适用于三角鲂池塘养殖、网箱养殖。

2 规范性引用文件

下列文件对于本文件的应用是必不可少的。凡是注日期的引用文件，仅注日期的版本适用于本文件。凡是不注日期的引用文件，其最新版本（包括所有的修改单）适用于本文件。

GB 11607 渔业水质标准

GB 18407.4 农产品安全质量 无公害水产品产地环境要求

NY 5051 无公害食品 淡水养殖水质标准

NY 5071 无公害食品 渔用药物使用准则

NY 5072 无公害食品 渔用配合饲料安全限量

SC／T 1006 淡水网箱养鱼 通用技术要求

3 环境条件

3.1 池塘

3.1.1 选择条件

要求水源充足，进排水方便。长方形，东西走向。池深 1.5 m～2.5 m。亲鱼培育池面积1 667 m²～3 334 m²，夏花鱼种培育池面积1 000 m²～3 334 m²，冬片鱼种培育池面积1 667 m²～5 000 m²，成鱼养殖池面积2 000 m²～6 667 m²。底质应符合 GB 18407.4 的规定。

3.1.2 水质

水源水质应符合 GB 11607 的规定。池塘水质应符合 NY 5051 的规定。

3.2 网箱

设置环境应符合 SC／T 1006 的规定。水域水质应符合 GB 11607 的规定。

4 人工繁殖

4.1 亲鱼要求

4.1.1 亲鱼来源

采自自然水域或原良种场。要求体格健壮，无病无伤。

4.1.2 年龄及体重

个体应达到 3 冬龄，每尾雌鱼体重≥1 500 g，每尾雄鱼体重≥1 000 g，使用年限不超过 4 年。

4.2 亲鱼池塘培育

4.2.1 池塘准备

4.2.1.1 清塘

放养前 10 d～15 d，排干池水，每 667 m² 用生石灰 50 kg～75 kg，或漂白粉（有效氯含量 25％以上）5 kg～10 kg 全池泼洒。

4.2.1.2 注水

放养前 3 d 注入新水 1.0 m～1.2 m，注水口用网目孔径 0.42 mm(40 目)网袋过滤。

4.2.2 放养

每 667 m² 放养 100 kg～150 kg 为宜，雌雄同塘养殖，搭养规格 0.25 kg/尾～0.5 kg/尾的花鲢 5 尾～10 尾、白鲢 20 尾～30 尾。下塘时用 2%～3% 的食盐水浸浴鱼体 5 min～20 min。

4.2.3 饲养管理

4.2.3.1 投饲

坚持"四定"原则，所用配合饲料粗蛋白 33%～35%，质量应符合 NY 5072 的规定。池塘水温 10 ℃ 以下时不投喂；水温 11 ℃～15 ℃时，日投饵 1 次，投饵率控制在池内鱼体总重量的 0.5%～2%；池塘水温 16℃以上，日投饵 2 次，投饵率控制在池内鱼总重量的 3%～5%。3 月、4 月、9 月、10 月，除投喂配合饲料外，每 15 d 在单只培育池塘分 2～3 次辅助添加轧碎的螺蚬等鲜饵 50 kg～100 kg。产前 2 d 停止投喂。

4.2.3.2 水质管理

保持池塘水质清新，调节水体透明度 30 cm～40 cm，溶解氧 4 mg/L 以上。4 月上旬开始，平均每 5 d～7 d 加注一次新水，每次冲水 2 h～3 h，人工催产前 7 d～10 d 停止冲水。

4.2.3.3 日常管理

加强巡塘，观察天气、水质及亲鱼吃食、活动等情况，做好养殖记录。

4.3 人工催产

4.3.1 时间

适宜人工催产的时间为 5 月上旬至 6 月中旬。最适水温 24℃～28℃。

4.3.2 成熟亲鱼选择

雄鱼胸鳍鳍条上有明显珠星，手摸鱼体两侧有明显粗糙感，轻压腹部即有乳白色精液流出，入水即散。雌鱼腹部膨大松软，卵巢轮廓清晰，生殖孔红润；挖卵检查卵粒饱满、大小一致，透明液固定后镜检，可见全部或大部分卵粒的核位已偏心或极化。

4.3.3 性别配比

雌雄亲鱼比例为 1∶1～1.5∶1。

4.3.4 催产

常用催产剂剂量为：每千克雌鱼注射促黄体素释放激素类似物(LRH-A)10 μg～20 μg ＋马来酸地欧酮(DOM)3 mg～5 mg。雄鱼剂量减半。在鱼体胸鳍或腹鳍基部一次性注射。

4.3.5 效应时间

水温 21℃～23℃，效应时间 12 h～13 h；水温 24℃～25℃，效应时间 8 h～9 h；水温 26℃～28℃，效应时间 6 h～7 h。

4.4 产卵、授精

4.4.1 自然产卵

将已注射催产剂的亲鱼按比例放入设有鱼巢的产卵池中，保持流水刺激。起初为微流水，至亲鱼开始发情时适当加大水流，发情高潮时水流调至最大。产卵结束后，将鱼巢移至孵化环道内流水孵化。鱼巢材料可用棕片或网片等，每对亲鱼配 3 个～4 个，使用前用 20 mg/L 高锰酸钾溶液消毒后洗净。

4.4.2 人工授精

4.4.2.1 授精时间

将注射催产剂后的亲鱼放入产卵池内，保持流水刺激，到效应时间时捕起亲鱼检查，如轻压雌鱼腹部两侧即有卵子从泄殖孔顺利流出，可进行人工授精。

4.4.2.2 授精方法

4.4.2.2.1 干法授精

取出雌鱼,用手指堵住泄殖孔,再用干毛巾将其腹部及泄殖孔四周擦干,轻压腹部将鱼卵挤入干的器皿(碗)中;同时,按比例取出雄鱼,擦干腹部后将精液挤入盛有鱼卵的器皿(碗)中,用羽毛轻轻搅拌1 min~2 min,再将混合均匀的精卵倒入泥浆水中脱黏。

4.4.2.2.2 湿法授精

取出雌鱼,用手指堵住泄殖孔,再用干毛巾将其腹部及泄殖孔四周擦干,轻压腹部将鱼卵挤入干的器皿(碗)中;同时,按比例取出雄鱼,擦干腹部后将精液挤入盛有鱼卵的器皿(碗)中,加适量0.7%~0.9%生理盐水,用羽毛轻轻搅拌1min~2 min,再将混合精卵倒入泥浆水中脱黏。

4.4.3 脱黏

先将黄泥与水按1:3~1:5的比例混合成泥浆水,经网目孔径0.42 mm(40目)筛绢过滤后搅拌均匀待用。脱黏时将混合精卵徐徐倒入泥浆水中,同时用手不断搅动泥浆水3 min~5 min,之后用网目孔径0.42 mm(40目)的筛绢袋滤去泥浆水,再在清水中漂洗干净后放入孵化器孵化。

4.5 人工孵化

4.5.1 水质要求

孵化用水经网目孔径0.15 mm~0.125 mm(100目~120目)的筛绢过滤,水质应符合GB 11607的规定。

4.5.2 孵化方式

4.5.2.1 环道孵化

自然产卵后收集黏附在鱼巢上的卵在孵化环道中流水孵化,每立方米水体放卵50万粒~80万粒。

4.5.2.2 孵化缸孵化

人工授精脱黏后所收集的卵在孵化缸中流水孵化,每立方米水体放卵80万粒~120万粒。

4.5.3 管理

经常检查和清洗筛绢,适当调节水流速度,不得让水从过滤网上沿口溢出,不得使卵或鱼苗下沉。

4.5.4 时间

水温21 ℃~23 ℃,受精卵经65 h~70 h孵化后鱼苗出膜;水温24 ℃~25 ℃,受精卵经55 h~60 h孵化后鱼苗出膜;水温26 ℃~28 ℃,受精卵经45 h~50 h孵化后鱼苗出膜。

4.6 出苗

待出膜鱼苗的卵黄囊基本消失、鳔体形成、能在水中平游时,即可出苗。

5 夏花鱼种培育

5.1 池塘准备

5.1.1 清塘

参照4.2.1.1执行。

5.1.2 注水

鱼苗放养前3 d抽去消毒水,再注入新水50 cm~60 cm,注水口用网目孔径0.25 mm~0.177 mm(60目~80目)的筛绢袋过滤。

5.2 放养

每667 m²放苗10万尾~20万尾。放苗时注意水温差不超过2℃。有风天气在上风口放苗。

5.3 培育管理

5.3.1 投饲管理

采用传统"豆浆培育法",黄豆用水浸泡后磨成浆,全池均匀泼洒,一天两次(上午 8:00～9:00,下午 14:00～15:00)。鱼苗下塘一周内,每天每 667 m² 用干黄豆 3 kg～4 kg;一周后增至 5 kg～6 kg。待鱼苗长到 2.0 cm 后,每天每 667 m² 加投喂粗蛋白为 35％～40％的粉状饲料 0.5 kg 一次,饲料质量应符合 NY 5072 的规定。

5.3.2 水质调控

鱼苗下塘时,池水深度 50 cm～60 cm;一周后加注新水一次,以后视池塘水质情况每隔 5 d～7 d 加水一次,每次加水 5 cm～15 cm;调节水体透明度 20 cm～30 cm。

5.3.3 日常管理

坚持早晚巡塘,观察水质及鱼生长、活动等情况,严防缺氧浮头,清除塘边杂物,做好养殖记录。

5.4 拉网分养

鱼体长至每尾 2.5 cm～3 cm 时,选择晴朗天气的 8:00～9:00 分养出塘。分养前一天下午停食,起网后将鱼种集拢在网箱内暂养 2 h～3 h 后出池。

6 冬片鱼种培育

6.1 池塘准备

参照 5.1 执行。初次注入新水 80 cm～100 cm。

6.2 放养

参照 5.2 执行。池塘单养每 667 m² 放养 8 000～10 000 尾。

6.3 培育管理

6.3.1 投饲管理

6.3.1.1 投饲方式

人工洒投或搭设渔用饲料投饵机定点投喂。

6.3.1.2 驯食

鱼种放养 1 d～2 d 后进行人工驯食,经 7 d～10 d,使鱼种形成定点、定时的摄食习惯。

6.3.1.3 饲料投喂

水温 16℃以上,日投喂两次(上午 7:30～9:00、下午 16:30～18:00);水温 10℃～15℃,日投饵 1 次(中午 12:00～13:00);水温 10℃以下停食。日投饵率控制在池内鱼总重量的 0.5％～5.0％,主要视鱼体生长和吃食情况、池塘水质及天气变化等灵活掌握,每次投喂的饲料控制在 1.5 h～2.0 h 吃完为宜。鱼种规格与投喂饲料要求见表 1。

表 1 三角鲂鱼种规格与投喂饲料要求对照表

序号	鱼体全长,cm	饲料粗蛋白,％	饲料粒径,mm
1	3.0～5.0	35～40	0.5～1.0(破碎料)
2	5.0～8.0	33～35	1.4～1.6
3	≥8.0	33～35	2.0～2.5

6.3.2 水质管理

放养初时,池塘水深 80 cm～100 cm,以后每周加注新水 1 次,每次 10 cm～15 cm,7 月中旬后保持池塘水深 1.5 m～2.0 m,科学使用增氧设施增氧;每 5 d～7 d 注水 1 次,每次 10 cm～15 cm,调节池水透明度 20 cm～30 cm。

6.3.3 日常管理

参照 5.3.3 执行。

6.4 出塘运输

冬季或早春鱼种出塘前 2 d～3 d,进行鱼种拉网锻炼,装运前将鱼种在网箱内密集 2 h～3 h 后启运。

7 成鱼养殖

7.1 池塘主养

7.1.1 池塘准备

参照 5.1 执行。

7.1.2 鱼种放养

每年 12 月下旬至翌年 2 月底、晴好天气时,选择无伤无病、体格健壮、每千克 10 尾～40 尾的鱼种放养。每 667 m² 放养 800 尾～1 200 尾,另套养每千克 6 尾～10 尾的花鲢和白鲢鱼种 40 尾。鱼种下塘前用 2％～3％食盐水浸浴 5 min～20 min。

7.1.3 养殖管理

7.1.3.1 投饲

参照 6.3.1 执行,配合饲料粗蛋白含量 32％～33％,饲料粒径 2.0 mm～3.0 mm,质量应符合 NY 5072 的规定。

7.1.3.2 水质管理

参照 6.3.2 执行。

7.1.3.3 日常管理

参照 5.3.3 执行。

7.2 网箱养殖

7.2.1 制箱

网箱由箱体、框架、浮子、沉子和锚绳五部分组成,呈"品"字或"非"字形排列。箱体采用无结节聚乙烯网片制作,长×宽为(5 m～10 m)×(5 m～10 m),深度为 3 m～5 m,具体视水深而定。箱体网目依据养殖过程中鱼体生长情况适时调整(表2)。

表 2　鱼种规格与箱体网目

鱼种规格,g/尾	50～400	400～800	≥800
箱体网目 2a,cm	2.5～3	4～5	6

7.2.2 放养

放养前 5 d～7 d 将网箱安装下水。每年 12 月下旬至翌年 2 月底,选择无伤无病、体格健壮、规格均匀的鱼种放养。鱼种规格＜100g／尾,每平方米放养 100 尾～150 尾;鱼种规格≥100g／尾,每平方米放养 40 尾～50 尾。放养前用 2％～3％的食盐水浸浴鱼体 5 min～20 min,注意库水温差不超过±4℃。

7.2.3 养殖管理

7.2.3.1 投饲

参照 7.1.3.1 执行。水温 10℃以下不投喂;水温 11℃～15℃,日投饵 1 次,日投饵率为箱内鱼总重量 0.5％～2％;水温 16℃以上,日投饵 2 次,日投饵率为箱内鱼总重量 2％～5％。

7.2.3.2 日常管理

勤巡箱,注意观察鱼群吃食及活动情况;定期检查网箱;及时清除箱体附着物,做好养殖记录。

8 病害防治

坚持"以防为主,防治结合"。常见病害及主要防治方法见表3。所使用药物应符合 NY 5071 的规定。

表3 三角鲂常见病害及主要防治方法

病名	发病季节	症状	主要防治方法	休药期,d
车轮虫病	5月~8月	鳃组织损坏	0.5 mg/L~0.7 mg/L硫酸铜和硫酸亚铁合剂(5:2)全池泼洒治疗; 隔日后再用复合亚氯酸钠0.5 mg/L~2 mg/L水体浓度全池泼洒	二氧化氯≥10
小瓜虫病	12月~6月	体表、鳍条或鳃部布满白色囊胞	用干辣椒粉、生姜片混合加水煮沸半小时全池泼洒,使池水分别成0.38 mg/L和0.15 mg/L浓度,隔日后再泼洒1次	—
斜管虫病	12月、3月~5月	皮肤和鳃呈苍白色,体表有浅蓝或灰色薄膜覆盖	0.5 mg/L~0.7 mg/L硫酸铜和硫酸亚铁合剂(5:2)全池泼洒	硫酸铜≥7 硫酸亚铁≥5
水霉病	常年可见,2月~5月易发生	体表菌丝大量繁殖如絮状,寄生部位充血	2%~3%食盐水浸浴5 min~10 min; 或食盐、小苏打各400 mg/L水体浓度全池泼洒	—
细菌性肠炎	水温25℃~30℃时易发生	肛门红肿,呈紫红色,轻压腹部有黄色黏液流出,腹腔内可见肠壁充血发炎等	拌药饵内服,如恩诺沙星(水产用),每1kg鱼体用10 mg~20 mg(以恩诺沙星计),1 d 1次~2次,连用5 d~7 d; 同时外用复合亚氯酸钠0.5 mg/L~2 mg/L水体浓度全池泼洒,每日1次,连续2 d~3 d	恩诺沙星≥500℃·d 二氧化氯≥10

9 运输

鱼苗及夏花鱼种采用尼龙袋冲氧运输。尼龙袋规格为30 cm×25 cm×60 cm;水温22 ℃~26 ℃、运输时间20 h内,每袋放鱼苗5万尾,或规格2.5 cm~3.5 cm夏花鱼种1 500尾~2 500尾。冬片鱼种及成鱼宜采用开放式容器充氧运输,运输容器要求内壁光滑、干净无渗漏。运输用水符合NY 5051的规定。

附　录　A

（资料性附录）

三角鲂标准化养殖技术模式图

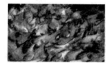

商品鱼获　　　　　网箱养殖　　　　　池塘养殖　　　　　苗种培育　　　　　池塘准备　　　　　三角鲂

一、环境条件

池塘要求水源充足，进排水方便，长方形，东西走向，池深 1.5 m～2.5 m。夏花鱼种培育池面积 1 000 m²～3 334 m²，冬片鱼种培育池面积 1 667 m²～5 000 m²，成鱼养殖池面积 2 000 m²～6 667m²。底质应符合 GB 18407.4 的规定。水源水质应符合 GB 11607 的规定。池塘水质应符合 NY 5051 的规定。网箱设置环境应符合 SC/T 1006 的规定。水域水质应符合 GB 11607 的规定。

二、池塘准备

放养前 10 d～15 d，排干池水，每 667 m² 用生石灰 50 kg～75 kg，或漂白粉（有效氯含量 25％以上）5 kg～10 kg 全池泼洒。放养前 3 d 注入新水 1.0 m～1.2 m，注水口用网目孔径 0.42 mm（40 目）网袋过滤。

三、鱼种培育

（一）夏花鱼种培育

1. 注水：放养前 3 d 抽去消毒水，再注入新水 50 cm～60 cm，注水口用网目孔径 0.25 mm～0.177 mm（60 目～80 目）的筛绢袋过滤。

2. 苗种放养：每 667 m² 放苗 10 万尾～20 万尾。放苗时注意水温差不超过 2℃。有风天气在上风口放苗。

3. 培育管理：①投饵管理：采用传统"豆浆培育法"，一天两次（上午 8：00～9：00，下午 14：00～15：00）。鱼苗下塘一周内，每天每 667m² 用干黄豆 3 kg～4 kg；一周后增至 5 kg～6 kg。待鱼苗长到 2.0 cm 后，每天每 667m² 加投喂粗蛋白为 35％～40％的粉状饲料 0.5 kg 一次，饲料质量应符合 NY 5072的规定。②水质管理：鱼苗下塘时，池水深度 50 cm～60cm；一周后加注新水一次，以后视池塘水质情况每隔 5 d～7 d 加水一次，每次加水 5 cm～15cm；调节水体透明度 20 cm～30 cm。

4. 日常管理：坚持早晚巡塘，观察水质及鱼生长、活动等情况，严防缺氧浮头，清除塘边杂物，做好养殖记录。

5. 拉网分养：鱼体长至 2.5 cm～3 cm 时，选择晴天早晨分养出塘。分养前一天下午停食，起网后将鱼种集拢在网箱内暂养 2 h～3 h 后出池。

（二）冬片鱼种培育

1. 注水：初次注入新水 80 cm～100 cm，其他参照夏花鱼种培育注水。

2. 苗种放养：池塘单养每 667m² 放养 8 000 尾～10 000 尾。

3. 培育管理：①投饵管理：采用人工饲料洒投或搭设渔用饲料投饵机定点投喂。鱼种放养 1 d～2 d 后进行驯食，经 7 d～10 d，使鱼种形成定点、定时摄食习惯。水温 16℃以上，日投饵两次（上午 7：30～9：00、下午 16：30～18：00）；水温 10℃～15℃，日投饵一次（中午 12：00～13：00）；水温 10℃以下停食。

日投饵率为池内鱼总重的 0.5%～5.0%，视鱼体生长和吃食情况、池塘水质及天气变化等灵活掌握，每次投饵的饲料控制在 1.5 h～2.0 h 吃完为宜。②水质管理：放养初时，池塘水深 80 cm～100cm，以后每周加注新水 1 次，每次 10 cm～15 cm，7 月中旬后保持池塘水深 1.5 m～2.0 m，科学使用增氧设施增氧；每 5 d～7 d 注水 1 次，每次 10 cm～15 cm，调节池水透明度 20 cm～30 cm。

4. 出塘运输：冬季或早春鱼种出塘前 2 d～3 d，进行鱼种拉网锻炼，装运前将鱼种在网箱内密集 2 h～3 h 后启运。

四、成鱼养殖

（一）池塘主养

1. 鱼种放养：每年 12 月下旬至翌年 2 月底、晴好天气时，选择无伤无病、体格健壮、规格为 10 尾/kg～40 尾/kg 的鱼种放养，每 667m² 放养 8 00 尾～1 200 尾，另套养规格为 6 尾/kg～10 尾/kg 的花鲢和白鲢鱼种 40 尾。鱼种下塘前用 2%～3% 食盐水浸浴 5 min～20 min。

2. 养殖管理：①投饵管理：配合饲料粗蛋白含量 32%～33%，饲料粒径 2.0 mm～3.0 mm，质量应符合 NY 5072 的规定。其他参照冬片鱼种培育投饵管理。②水质管理：参照冬片鱼种培育水质管理。

3. 日常管理：参照夏花鱼种培育日常管理。

（二）网箱养殖

1. 制箱：网箱呈"品"字或"非"字形排列，箱体采用无结节聚乙烯网片制作，长×宽为（5～10）m×（5～10）m，深度为 3 m～5 m，具体视水深而定。箱体网目依据养殖过程中鱼体生长情况适时调整。

2. 放养：放养前 5 d～7 d 将网箱安装下水。每年 12 月下旬至翌年 2 月底，选择无伤无病、体格健壮、规格均匀的鱼种放养。鱼种规格<100g/尾，每平方米放养 100 尾～150 尾；鱼种规格≥100g/尾，每平方米放养 40 尾～50 尾。放养前用 2%～3% 的食盐水浸浴鱼体 5 min～20 min，注意库水温差不超过±4℃。

3. 养殖管理：①投饵管理：配合饲料粗蛋白含量 32%～33%，饲料粒径 2.0 mm～3.0 mm，水温 10℃以下不投喂；水温 11℃～15℃，日投饵 1 次，日投饵率为箱内鱼总重量 0.5%～2%；水温 16℃以上，日投饵 2 次，日投饵率为箱内鱼总重量 2%～5%。②日常管理：勤巡箱，注意观察鱼群吃食及活动情况；定期检查网箱；及时清除箱体附着物，做好养殖记录。

五、病害防治

坚持"以防为主，防治结合"。常见病害及主要防治方法见附表 1。所使用药物应符合 NY 5071 的规定。

附表 1 三角鲂常见病害及主要防治方法

病名	发病季节	症 状	主要防治方法	休药期，d
车轮虫病	5 月～8 月	鳃组织损坏	0.5 mg/L～0.7 mg/L 硫酸铜和硫酸亚铁合剂（5：2）全池泼洒治疗；隔日后再用复合亚氯酸钠 0.5 mg/L～2 mg/L 水体浓度全池泼洒	二氧化氯≥10
小瓜虫病	12 月～6 月	体表、鳍条或鳃部布满白色囊胞	用干辣椒粉、生姜片混合加水煮沸半小时后全池泼洒，使池水分别成 0.38 mg/L 和 0.15 mg/L 浓度，隔日后再泼洒 1 次	—
斜管虫病	12 月、3 月～5 月	皮肤和鳃呈苍白色，体表有浅蓝或灰色薄膜覆盖	0.5 mg/L～0.7 mg/L 硫酸铜和硫酸亚铁合剂（5：2）全池泼洒	硫酸铜≥7 硫酸亚铁≥5
水霉病	常年可见，2 月～5 月易发生	体表菌丝大量繁殖如絮状，寄生部位充血	2%～3% 食盐水浸浴 5 min～10 min；或食盐、小苏打各 400 mg/L 水体浓度全池泼洒	—

附表 1（续）

病名	发病季节	症状	主要防治方法	休药期,d
细菌性肠炎	水温 25℃～30℃时易发生	肛门红肿,呈紫红色,轻压腹部有黄色黏液流出,腹腔内可见肠壁充血发炎等	拌药饵内服,如恩诺沙星(水产用),每 1kg 鱼体重用 10 mg～20 mg,一日 1 次～2 次,连用5 d～7 d;同时外用复合亚氯酸钠 0.5 mg/L～2 mg/L水体浓度全池泼洒,每日 1 次,连续 2 d～3 d	恩诺沙星≥500℃·d 二氧化氯≥10

六、运输

鱼苗及夏花鱼种采用尼龙袋冲氧运输。尼龙袋规格为 30 cm×25 cm×60 cm;水温22℃～26℃、运输时间20 h 内,每袋放鱼苗5 万尾,或规格2.5 cm～3.5 cm夏花鱼种1 500 尾～2 500 尾。冬片鱼种及成鱼宜采用开放式容器充氧运输,运输容器要求内壁光滑、干净无渗漏。运输用水符合NY 5051的规定。

ICS 65.150

B 52

DB

四 川 省 地 方 标 准

DB51/T 751—2007

南方鲇养殖技术规范　人工繁殖

Technical Specifications for Southern Sheatfish Culture—
Artificial Propagation Techniques

2007-11-20 发布

2007-12-01 实施

四川省质量技术监督局 发布

前　　言

本标准由四川省水产局提出并归口。

本标准由四川省水产研究所、四川省水产局起草。

本标准主要起草人：杜军、赵刚、唐燕、何斌、赖见生。

南方鲇养殖技术规范 人工繁殖

1 范围

本标准规定了南方鲇(*Silurus meridionalis* Chen)亲鱼培育、催情产卵、孵化管理。

本标准适用南方鲇亲鱼的人工繁殖。

2 规范性引用文件

下列文件中的条款通过本标准的引用而成为本标准的条款。凡是注日期的引用文件,其随后所有的修改单(不包括勘误的内容)或修订版均不适用于本标准,然而,鼓励根据本标准达成协议的各方研究是否可使用这些文件的最新版本。凡是不注日期的引用文件,其最新版本适用于本标准。

GB 11607 中华人民共和国渔业水质标准

GB 13078 饲料卫生标准

GB/T 18407.4 农产品安全质量 无公害水产品产地环境要求

NY 5051 无公害食品 淡水养殖用水水质

NY 5071 无公害食品 渔用药物使用准则

NY 5072 无公害食品 渔用配合饲料安全限量

SC/T 1008 池塘常规培育鱼苗鱼种技术规范

SC/T 1013 黏性鱼卵脱黏孵化技术要求

SC/T 1051 南方鲇养殖技术规范 亲鱼

《水产养殖质量安全管理规定》 中华人民共和国农业部令第 31 号

3 亲鱼培育

3.1 亲鱼要求

应符合 SC/T 1051 的规定。

3.2 培育条件

3.2.1 培育环境

符合 GB/T 18407.4 的规定。

3.2.2 水源水质

符合 GB 11607 的规定。

3.2.3 培育池水质

符合 NY 5051 的规定,其中水体的溶氧量≥4.0 mg/L,pH 为 6.5～8.5,透明度≥30 cm。

3.2.4 培育池

培育池适宜面积为 667 m²～2 000 m²,长方形,水深 1.5 m～2.0 m,有独立进排水系统,池底平坦,淤泥厚度≤20 cm。

3.3 亲鱼放养

3.3.1 池塘消毒

按 SC/T 1008 规定执行,药物使用应符合 NY 5071 的规定。

3.3.2 放养密度

以每 667 m² 放 40 尾～50 尾为宜,并套养规格 1 000 g 左右鲢、鳙 20 尾～30 尾,以调控水质。

3.3.3 雌雄配比

雌雄亲鱼以 2∶1～3∶1 搭配为宜。

3.4 饲养管理

3.4.1 饲料投喂

亲鱼饲料以经消毒的鲤、草鱼种及泥鳅等活饵料为主，在放养亲鱼的同时应投入活饵料。首次投放鲜活饵料量为亲鱼重量的 2 倍，以后视饵料鱼存量的多少，适量补充，保持池中饵料鱼与南方鲇亲鱼重量之比为 1∶1～1∶2。也可投喂粗蛋白质含量≥42％的配合饲料，其安全卫生要求符合 GB 13078 和 NY 5072 的规定。

3.4.2 水质调控

产前 1 个月每天加注新水一次，其他时期每 10 d～15 d 加注新水一次，每次注水量视季节、天气掌握。饲养期间每 15 d～20 d 用生石灰溶水全池泼洒一次，用量为 15 g/m³～20 g/m³。

3.4.3 日常管理

早晚巡池，观察亲鱼的摄食、活动、水质变化等情况，发现问题及时采取措施，按《水产养殖质量安全管理规定》做好记录。

3.4.4 病害防治

坚持预防为主，防治结合的原则，防治药物的使用按 NY 5071 的规定进行，并按《水产养殖质量安全管理规定》做好记录。

4 催情产卵

4.1 催产期

催产水温为 18℃～28℃，以 22℃～25℃为宜。亲鱼发育良好，可在 3 月下旬或 4 月上旬催产，亲鱼发育一般，可在 4 月下旬或 5 月上旬进行催产。

4.2 雌雄鉴别及选择

雌鱼生殖季节腹部明显膨大、柔软，卵巢轮廓明显，生殖突圆而短，生殖孔扩张，呈红色，胸鳍椭圆形，其硬刺外缘光滑，内侧有弱小的锯齿；成熟雄鱼生殖突尖而长，生殖孔闭锁，轻压腹部有乳白色精液流出，胸鳍较尖，其硬刺内缘有明显的锯齿状缺刻。

4.3 催产池

催产池以水泥底的小圆池或家鱼的圆形产卵池为宜。人工授精用的催产池一般以直径为 3m、水深 0.8m 的圆形池为佳，或临时把蓄养池分隔成 2 m×2 m 或 2 m×3 m 的小池，每池放亲鱼 1 尾。自然受精用的产卵池可借用家鱼的圆形产卵池或用水泥底的亲鱼池，面积 200 m²～300 m²，一批可催产 10组～20 组亲鱼。

4.4 催产药物及剂量

4.4.1 催产药物

常用的有鲤鱼垂体(PG)，鱼用绒毛膜促性腺激素(HCG)和鱼用促黄体释放激素类似物(LRH-A)。催产药物以 PG 和 HCG 混合使用为宜

4.4.2 催产剂量

催产剂量雌亲鱼以(PG 2 mg＋HCG 1 200 IU)/kg 或 HCG 2 000 IU/kg 或(PG 2 mg＋LRH-A₂ 30 μg)/kg 为宜，雄亲鱼减半。

4.5 注射方式

采用胸鳍基部注射，一次注射或二次注射均可，通常繁殖初期采用二次注射，繁殖盛期采用一次注射。二次注射时针距 10 h～12 h，第一次注射剂量为总剂量的 1/4～1/5。

4.6 效应时间

效应时间因亲鱼成熟度、水温、药物的种类和剂量不同而不同,水温与效应时间的关系见表1。

表1 水温与效应时间的关系

水温,℃	一次注射效应时间,h	二次注射效应时间,h
18~19	16~21	11~12
20~21	14~16	10~11
22~23	12~14	9~10
24~25	10~12	8~9
26~28	8~10	6~7

4.7 产卵受精

4.7.1 自然产卵

亲鱼经注射后,按雌雄比例1:1,放入产卵池中,布置好鱼巢,加大流水刺激,让其自行产卵排精。待亲鱼产卵后,捞出亲鱼,留下卵于产卵池内孵化。

4.7.2 人工授精

根据水温高低与亲鱼性腺成熟的程度,适时掌握时间进行人工授精。一般在注射催产剂后,按相应的效应时间,提前2 h开始观察,并每隔30 min检查一次亲鱼。当轻压腹部,生殖孔中有卵粒流出时,即可进行半干法人工授精。

4.8 产后亲鱼护理

产后亲鱼应放回专用培育池中加强培育。对受伤的亲鱼应进行药物治疗,轻度受伤的亲鱼可涂抹消炎药物,受伤较重的亲鱼还应注射抗生素类药物。渔药的使用按NY 5071的规定执行。

5 孵化管理

5.1 孵化用水

水质应符合GB 11607和NY 5051的规定,其中溶解氧≥5.0 mg/L。进入孵化设备的水应用60目网布过滤,保持水质清新,严防敌害生物进入。

5.2 孵化方式

5.2.1 自然孵化

自然受精的南方鲇卵孵化可利用自然受精用的产卵池,按每667 m² 放附卵30万粒~40万粒的鱼巢进行孵化,鱼苗孵出后即在原池培育。

5.2.2 人工孵化

5.2.2.1 脱黏孵化

南方鲇卵黏性较强,人工授精的鱼卵可脱黏孵化,按SC/T 1013的规定执行,孵化密度为孵化环道60万粒/m³~80万粒/m³,孵化槽40万粒/m³~60万粒/m³。孵化设备纱窗的网目宜选用40目规格。孵化设备内的水流速度应以鱼卵能均匀漂流,不沉积为度。

5.2.2.2 不脱黏孵化

将受精卵直接均匀地撒在窗纱框或其他黏卵物上,放在浮性长方形小网箱内进行孵化。箱体可用40目的尼龙筛绢制作,大小以方便使用为宜。网箱可放在室外或室内适宜孵化条件的水体中进行流水孵化。

5.3 出膜时间

孵化水温18℃~28℃,以22℃~25℃为宜,鱼苗出膜时间随水温的变化而定。水温与出膜时间的关系见表2。

表2 水温与出膜时间的关系

水温,℃	出膜时间,h
18～20	55～45
21～23	45～40
24～26	38～30
27～28	24～20

5.4 日常管理

注意观察检查孵化设施的良好情况,水质、水流情况、鱼卵的飘浮状况;出膜期间应加强孵化设施中的滤水设施的检查与清洗,保持滤水畅通,并做好值班记录发现问题及时解决。

5.5 出苗

已出膜的鱼苗卵黄囊基本消失,处于水平游动,并开始摄食时,此时应及时出苗下塘投喂适口饵料,转入苗种培育。

ICS 65.150
B 52

中华人民共和国农业行业标准

NY/T 1351—2007

黄颡鱼养殖技术规程

Technical Specifications for Yellow Catfish Culture

2007-04-17 发布

2007-07-01 实施

中华人民共和国农业部 发布

前　言

本标准由中华人民共和国农业部渔业局提出。

本标准由全国水产标准化技术委员会淡水养殖分技术委员会归口。

本标准起草单位：华中农业大学水产学院、湖北省荆州市水产科学研究所、湖北省蕲春县赤东湖渔场。

本标准主要起草人：谢从新、樊启学、郑维友、陈年林、雷传松。

黄颡鱼养殖技术规程

1 范围

本标准规定了黄颡鱼[*Pelteobagrus fulvidraco*(Richardson)]亲鱼要求、亲鱼培育、人工繁殖、苗种培育、苗种质量和食用鱼饲养技术。

本标准适用于黄颡鱼的人工养殖。

2 规范性引用文件

下列文件中的条款通过本标准的引用而成为本标准的条款。凡是注日期的引用文件,其随后所有的修改单(不包括勘误的内容)或修订版均不适用于本标准,然而,鼓励根据本标准达成协议的各方研究是否可使用这些文件的最新版本。凡是不注日期的引用文件,其最新版本适用于本标准。

GB 11607　渔业水质标准

NY 5051　无公害食品　淡水养殖用水水质

NY 5072　无公害食品　渔用配合饲料安全限量

SC/T 1008　池塘常规培育鱼苗鱼种技术规范

SC/T 1013　黏性鱼卵脱黏孵化技术要求

SC/T 1015　鲢鱼、鳙鱼亲鱼　催产技术要求

SC 1070—2004　黄颡鱼

3 亲鱼要求

3.1 亲鱼来源

3.1.1　江河、通江湖泊、水库等未经人工放养黄颡鱼的天然水域收集的或按符合 SC XXXX 规定的成鱼培育成亲鱼。

3.1.2　严禁近亲繁殖的后代留作亲鱼。

3.2 外部形态

外部形态应符合 SC 1070 的规定。

3.3 繁殖年龄和体重

允许作为繁殖用亲鱼的最小年龄和最小体重见表1。

表 1　繁殖用亲鱼的最小年龄和最小体重

亲鱼性别	允许繁殖的最小年龄[a],龄	允许繁殖的最小体重,g
雌(♀)	2	80
雄(♂)	2	120
[a] 年龄依据复合神经棘上的年轮数鉴定。		

3.4 使用年限

黄颡鱼亲鱼允许使用到 5 足龄。

4 亲鱼培育

4.1 培育池

土池。面积 1 000 m²～2 000 m²。水深 1.5 m 左右。

4.2 水源和水质

水源充足,有独立的注排水系统。水质应符合 GB 11607 和 NY 5051 的规定,其中,溶解氧应在 5 mg/L 以上。

4.3 亲鱼放养

4.3.1 当年产卵的亲鱼可专池培育,也可与其他鱼类混养。与其他鱼类混养的,应在水温下降到 10℃,黄颡鱼停食以前转入专池培养。

4.3.2 初次催产的亲鱼,应在上一年 10 月份水温下降至 10℃以前或在当年 3 月份黄颡鱼开始摄食后入池,开始专池培育。

4.3.3 亲鱼的放养密度,春季强化培育期间,放养密度一般为 0.3 kg/m²,其他季节放养密度以 0.4 kg/m²～0.5 kg/m²。雌、雄亲鱼分养。

4.4 饲养管理

4.4.1 投饲

4.4.1.1 饲料种类与要求

可以使用鲜活饵料或配合饲料。鲜活饵料可以是小鱼、虾、螺、蚌等。螺和蚌应除壳(蚌肉还应切碎)后投喂。饲料应该新鲜,符合 NY 5072 的规定,腐败变质的饲料不得使用。

4.4.1.2 投饲方式和投饲量

亲鱼入池后,即应投饲。每天早、晚各一次,日投饲量为亲鱼体重的 5%～10%。根据摄食情况进行调整。

4.4.2 日常管理

4.4.2.1 每日早、晚巡池两次。注意观察水质变化和亲鱼活动情况,做好饲养记录,发现问题及时解决。

4.4.2.2 每隔 15 d 冲水一次,产卵前一个月,每隔 5 d～6 d 冲水一次,保持水质清新。

4.4.2.3 加强巡池,防逃、防盗、防敌害。

4.4.2.4 发现鱼病,及时治疗。

5 人工繁殖

5.1 繁殖亲鱼的选择

5.1.1 外部形态

按 3.2 的规定。

5.1.2 性别鉴定

5.1.2.1 非繁殖季节

雄鱼体长明显大于雌鱼体长。

5.1.2.2 繁殖季节

雄性:繁殖季节腹部无膨大感,生殖乳突膨胀,粉红色,末端红色。

雌性:繁殖季节腹部膨大,卵巢轮廓明显。腹部柔软而富有弹性,提起鱼后卵巢下坠,有移动感。生殖孔松弛,粉红色。

5.2 产卵条件

水泥池,面积 10 m²～20 m²,具有冲水设施。"四大家鱼"人工繁殖设施均可使用。

5.3 人工催产

5.3.1 催产季节与水温

繁殖季节:长江中下游地区为 4 月份～7 月份,人工繁殖以 5 月中下旬为宜。繁殖水温 20℃～30℃,适宜繁殖水温为 22℃～27℃。

5.3.2 催产药物和剂量

5.3.2.1 催产药物

常用的催产药物有鲤脑垂体(PG)、鱼用绒毛膜促性腺激素(HCG)、鱼用促黄体素释放激素类似物 2 号(LRH-A$_2$)和多巴胺拮抗物地欧酮(DOM)。单独或混合使用。

5.3.2.2 催产剂量

推荐剂量为每千克亲鱼用 DOM 40 mg 加 HCG 2 000 IU 加 LRH-A$_2$ 0.5 μg～2 μg,或 PG 3 mg～5 mg 加 DOM 40 mg 加 HCG 2 000 IU。雌鱼和雄鱼剂量相同。可以根据性腺发育成熟情况,调整剂量。

5.3.3 注射方式

胸鳍基部或背部肌肉注射。一次注射或分两次注射均可。如分两次注射,根据水温高低,间隔时间在 15 h～24 h 之间,第一次注射剂量为总剂量的 1/5。

5.3.4 效应时间

不同水温下的效应时间见表 2。

表 2 水温与效应时间的关系

水温,℃	22～23	24～25	26～27
效应时间,h	28～30	20～24	12～14

5.4 自然产卵和人工授精

5.4.1 自然产卵

5.4.1.1 雌雄亲鱼配组:雌、雄亲鱼比例为 1:1。

5.4.1.2 附卵基质为棕片、柳树根等。经蒸煮消毒 1 h,或经 20% 漂白粉液浸泡 12 h,晒干后使用。

5.4.1.3 注射总量 1/5 的催产剂后,雌、雄亲鱼分开蓄养于挂在产卵池内的网箱里,蓄养 15 h～24 h 后,注射第二针,雌、雄亲鱼混合放入产卵池。再蓄养 10 h 左右,开始冲水,刺激亲鱼发情,自行产卵。在此期间每隔 1 h 检查一次棕片,将已经附卵的棕片移至孵化池内。在产卵基本完毕后,将已产亲鱼和未产亲鱼捞出,放回亲鱼池培育。清理产卵池,准备下次催产。

5.4.2 人工授精

根据效应时间,提前 2 h 开始密切注意亲鱼发情情况,并每 30 min 检查一次,当轻压腹部,泄殖孔中有卵粒流出时,即可进行人工授精。

人工授精的操作程序:先取出精巢,在研钵内轻轻将精巢组织研碎呈白浆状;然后按 SC/T 1015 的规定进行。受精卵均匀地撒在附卵基质上,或经脱黏处理后放入流水孵化器孵化。脱黏处理方法按照 SC/T 1013 规定执行。

5.5 孵化

5.5.1 孵化用水

水质应符合 GB 11607 的规定,其中溶解氧应在 6 mg/L 以上。进入孵化池的水应用网孔尺寸 0.25 mm 的尼龙或乙纶网布过滤,严防敌害进入。

5.5.2 孵化方式

采用静水或微流水孵化。孵化期间用充气泵充气。

5.5.3 孵化密度

静水孵化:每立方米水体放 3×10^4 粒～5×10^4 粒受精卵;流水脱黏孵化:每立方米水体放卵密度为 3×10^5 粒～5×10^5 粒脱黏卵。

5.5.4 孵化时间

鱼苗孵化时间与水温的高低有着密切关系。水温与孵化时间的关系见表3。

表3　水温与出膜时间的关系

水温,℃	22～23	24～25	26～27	27～28
出膜时间,h	76～78	72～74	60～62	48～50

5.6 孵化管理

孵化期间应有专人值班,观察检查孵化设备的运转情况、水质变化情况和鱼卵的发育状况,流水孵化应注意滤水设备的检查与清洗,保持滤水流畅。并做好值班记录,发现问题及时解决。

出膜鱼苗卵黄囊基本消失,肠通、开始平游时,应及时投喂开口饲料,转入苗种培育。

6　鱼苗、鱼种培育

6.1　环境条件

6.1.1　水源

水源充足,进、排水方便。

6.1.2　水质

水质应符合 GB 11607 和 NY 5051 的规定,其中水中溶解氧应在 5 mg/L 以上。

6.1.3　水温

苗种培育的适宜水温为 22℃～30℃。

6.2　培育设施

6.2.1　鱼苗培育池

水泥池,具有可调节的溢水孔。面积 10 m²～20 m²,池深 1.0 m～1.2 m。水深根据鱼苗大小,控制在 0.3 m～0.8 m。

6.2.2　鱼种培育池

水泥池或土池均可。水泥池按 6.2.1 规定,土池适宜面积为 600 m²～1 000 m²,适宜水深为 1 m～1.2 m。

6.3　鱼苗培育

出膜后的黄颡鱼鱼苗,可留在原孵化池中继续培育,也可移入鱼苗池培育。放养密度为 5 000 尾/m³～8 000 尾/m³。

当鱼苗平游,开口摄食时,应及时投喂足量的轮虫、小型枝角类等开口饵料。轮虫和枝角类可以人工培育,也可在池塘内捞取。投喂前应用 5% 食盐水消毒 2 min～3 min。同时应用抄网过滤,除去里面的杂物。开口期的饵料还需用网孔尺寸 0.4 mm 的筛网过滤,除去大型浮游动物。培育过程中,应根据鱼苗生长和密度情况,及时进行稀疏、分池。

6.4　鱼种培育

6.4.1　鱼苗放养

6.4.1.1　放养前的准备

培育池应按 SC/T 1008 规定进行清池、消毒。

6.4.1.2　放养规格

当黄颡鱼鱼苗全长达到 10 mm 左右时,可移入鱼种培育池,或经稀疏后留在鱼苗培育池继续培育。

6.4.1.3　放养密度

水泥培育池放养密度为 3 000 尾/m³～4 000 尾/m³,土池放养密度为 150 尾/m³～200 尾/m³。根据上述密度计算出的放养量,应一次放足。

6.4.1.4 放养鱼苗的质量

放养鱼苗应符合 7.2 的规定。

6.4.2 投饲

6.4.2.1 饲料种类

可采用天然饵料(水蚯蚓)和人工饲料。人工饲料的原料和加工方法如下:新鲜低值鱼,除去内脏后打成肉浆,加入 5%～10% 的配合饲料,拌匀成团状即可。应当时加工当时使用,剩饲和腐败变质的饲料不得使用。

6.4.2.2 投喂方式

水蚯蚓在投喂前,先加入少许食盐消毒,同时使成团状的水蚯蚓分离,分离后的水蚯蚓均匀撒于池内即可。

人工饲料可捏成条状,黏附在池壁上(水泥池)或食台上(土池)。每次投饲前要清除残饲。

6.5 日常管理

按 SC/T 1008 规定执行。

6.6 鱼病防治

6.6.1 池水应始终呈微流水状态,保持水质清新,防止缺氧。

6.6.2 病鱼、死鱼应及时捞出。

6.6.3 每天抽样检查,发现有寄生虫等疾病,应及时治疗。鱼苗和夏花鱼种阶段主要病害是车轮虫病和斜管虫病等,可用 2% 食盐溶液浸泡 10 min 左右进行治疗。

7 鱼苗、鱼种质量

7.1 苗种来源

7.1.1 鱼苗来源

由符合第 3 章规定的亲鱼人工繁殖的鱼苗。

7.1.2 鱼种来源

由符合第 3 章规定的亲鱼人工繁殖的鱼苗,经各种方式培育的鱼种。

7.2 鱼苗质量

7.2.1 外观

肉眼观察体色鲜亮,呈黑色,规格整齐,游动自如,有逆水游动能力。

7.2.2 可数指标和可量指标

7.2.2.1 可数指标

畸形率≤1%,伤残率≤2%。

7.2.2.2 可量指标

鱼苗全长应达到 7 mm 以上,方可出售。

7.2.3 病害

无车轮虫病、斜管虫病等传染性强、危害大的疾病。

7.3 鱼种质量

7.3.1 外观

体形正常、鳍条完整;体表光滑,富有黏液,游动活泼。色泽正常,体背部黑褐色,体侧黄色,并有三块断续的黑色条纹。

7.3.2 可量与可数性状

7.3.2.1 可数指标

畸形率小于1%,伤残率小于2%;规格整齐,同批鱼种中,个体差异不得大于或小于该批鱼种平均体长的10%。

7.3.2.2 可量指标

各种全长规格鱼种的重量和单位重量的尾数应符合表4的规定。

表4 黄颡鱼鱼苗、鱼种规格

日龄,d	平均全长,mm	平均体重,g	每千克重的尾数,尾
3	7.50	0.004 5	211 110~233 330
4	8.14	0.006 0	158 330~175 000
5	8.86	0.009 7	97 933~108 240
6	9.14	0.009 9	95 960~106 060
8	10.12	0.011 4	83 330~92 100
10	11.46	0.021 5	44 180~48 840
12	12.23	0.024 0	39 580~43 750
19	18.78	0.091 6	10 370~11 460
24	24.32	0.218 2	4 354~4 811
29	27.54	0.329 0	2 887~3 190
36	—	0.503 9	1 866~2 062

7.3.3 病害

无烂鳃病、腹水病等传染性强、危害大的疾病。

7.4 检验方法

7.4.1 外观、可数指标

把样品置于便于观察的容器内,肉眼逐项观察计数。

7.4.2 可量指标

按GB/T 18654.3规定的方法测量。

7.4.3 检疫

按鱼病常规诊断方法检验。

7.5 检验规则

7.5.1 检验分类

7.5.1.1 出场检验:每批鱼苗、鱼种产品应进行出场检验。出场检验由生产单位质量检验部门执行,检验项目为外观、可数指标和可量指标。

7.5.1.2 型式检验:检验项目为本标准中规定的全部项目。有下列情形之一者应进行型式检验:

a) 新建养殖场培育的黄颡鱼鱼苗、鱼种;

b) 养殖条件发生变化,可能影响苗种质量时;

c) 国家质量监督机构或行业主管部门提出型式检验要求时;

d) 出场检验与上次型式检验有较大差异时;

e) 正常生产时,每年至少应进行一次周期性检验。

7.5.2 组批规则

以同一培育池、同一规格或一次交货的苗种作为一个检验批,销售前按批检验。

7.5.3 抽样方法

每批鱼苗、鱼种随机取样应在100尾以上,鱼种可量指标测量每批取样应在30尾以上。

7.5.4 判断规则

经检验,如检疫项不合格,则判定该批鱼苗、鱼种为不合格,不得复检;其他有不合格项,应对原检验批取样进行复检,以复检结果为准。经复检,如仍有不合格项,则判定该批鱼苗或鱼种为不合格。

8 食用鱼饲养

8.1 环境条件

8.1.1 池塘

池塘面积1 000 m²～15 000 m²。水深2 m～3 m。池底淤泥厚度15 cm左右。

8.1.2 水源

水源应无污染,水量充足;排灌方便。

8.1.3 水质

水质清新,溶解氧保持在5 mg/L以上。透明度应大于30 cm。其余指标应符合GB 11607和NY 5051的规定。

8.2 饲养方式

池塘饲养方式主要有单养(主养)和套养(混养)两种,也可根据实际情况采用其他饲养方式。

在水库、湖泊可采用向天然水体进行人工增殖放流和网箱养殖。

8.3 鱼种放养

8.3.1 放养前的清池、消毒

鱼种入池前10 d左右进行,药物清池按SC/T 1008规定进行。生石灰和漂白粉清塘方法和用量见表5。

表5 生石灰和漂白粉清塘方法和用量

药物名称	质量	水深,m	用量,kg/hm²	清塘方法	药性消失时间,d
生石灰	白色块状	0.1左右	1 500～2 250	溶水遍洒,次日翻动淤泥	7～12
漂白粉	有效氯24%～28%	0.1左右	90～120	溶水遍洒	3～5
注:放鱼前用少量活鱼试水24 h,检查药性是否消失。					

8.3.2 鱼种质量与规格

放养鱼种的质量应符合第7章的规定。

8.3.3 放养密度

放养密度根据池塘条件,鱼种规格、饲料供应,饲养方式和饲养技术水平而定。不同放养方式的鱼种规格、密度见表6。

表6 不同饲养方式的鱼种放养规格和放养量

饲养方式	黄颡鱼鱼种规格(全长),cm	放养数量	其他鱼种	预计产量,kg/hm²
池塘主养	2.5～3.0(夏花)	(120 000～150 000)尾/hm²	少量套养滤食性鱼类,不得套养吃食性鱼类	7 500～10 500
	5.0～7.0(冬片鱼种)	(90 000～120 000)尾/hm²		

表 6（续）

饲养方式	黄颡鱼鱼种规格（全长），cm	放养数量	其他鱼种	预计产量，kg/hm²
池塘套养	2.5～3.0（夏花）	15 000 尾/hm²	主养品种以滤食性鱼类为主。如以吃食性鱼类为主，规格应大，同时在黄颡鱼饲料台周围用竹帘隔离，竹帘的间隙应使黄颡鱼可自由出入，而其他鱼类不能进入	750～1 200
	5.0～7.0（冬片鱼种）	12 000 尾/hm²		
湖泊、水库放流	2.5～3.0（夏花）	（1 500～3 000）尾/hm²	—	45～75
网箱养殖	2.5～3.0（夏花）	（1 500～2 000）尾/m²	分级饲养，在密眼网箱（1 500 尾/m²～2 000 尾/m²）养至 4 cm～5 cm，转入稀网箱（700 尾/m²～800 尾/m²）饲养成食用鱼	520 000～600 000
	5.0～7.0（冬片鱼种）	（700～800）尾/m²	—	

8.4 饲养管理

8.4.1 水质管理

8.4.1.1 保持水质"活、嫩、爽"，溶解氧在 5 mg/L 以上。

8.4.1.2 有条件的应按 0.3 hm²～0.6 hm² 设置一台增氧机，必要时开机增氧。每半月定期冲水一次。冲水量根据池塘水位高低、渗透情况灵活掌握。

8.4.1.3 水质过肥时，注换新水，或者利用生石灰改善水质、调节 pH。生石灰用量 450 kg/hm²～600 kg/hm²。

8.4.2 饲料

8.4.2.1 饲料的种类

8.4.2.1.1 天然饲料：螺蛳、蚌、小杂鱼、冰鲜鱼、动物内脏等，可根据当地情况选择使用。

8.4.2.1.2 配合饲料：质量要求粗蛋白含量为 38％～42％，饲料应无霉变、腐烂，安全指标应符合 NY 5072 的规定。

8.4.2.2 饲料的投喂

8.4.2.2.1 坚持"四定"（定时、定位、定质、定量）投饵原则，同时根据天气、水温和鱼的摄食情况灵活增减或停食。

8.4.2.2.2 投饵方式：撒于规定食台上。

8.4.2.2.3 投饵量：在水温 20℃～30℃时，日投饵量为黄颡鱼总重量的 4％～8％，分两次投喂。根据摄食情况增减。

8.5 日常管理

8.5.1 巡塘：早晚各巡塘一次，观察天气、水质变化和鱼的活动、吃食情况，确定相应的饲养管理措施。

8.5.2 防止浮头和泛塘事故：根据巡塘所掌握的情况，预测鱼类浮头，提前进行水质调节，杜绝发生严重浮头和泛塘事故。

8.5.3 池塘清洁卫生：每天清除池塘饲料残渣、杂物。

8.5.4 防逃：检查进出水口，防止鱼类逃逸。

8.6 鱼病防治

8.6.1 放养鱼种前,池塘用生石灰 1 500 kg/hm²～2 250 kg/hm² 或漂白粉 90 kg/hm²～120 kg/hm² 带水清塘。

8.6.2 在鱼种拉网、运输、过数、投放过程中细心操作,避免鱼体受伤。

8.6.3 五六月份用生石灰水溶液全池遍洒 1 次～2 次,生石灰用量为 25 g/m³～30 g/m³。

8.6.4 六七月份每 100 kg 鱼用大蒜头 0.5 kg～1.0 kg 擂成糊状加食盐(0.2 kg)拌饲料喂鱼,或每 100 kg 鱼用三黄素 0.4 kg～0.5 kg 拌饲料喂鱼,连续喂鱼 3 d～4 d。

8.6.5 五月份至九月份每月用漂白粉和生石灰进行食场消毒一次,或利用漂白粉和硫酸铜分别进行食场挂篓、挂袋 3 d。

8.6.6 黄颡鱼食用鱼养殖阶段常见鱼病为肠炎病,其症状为病鱼腹部膨大,肛门红肿,轻压腹部有黄色黏液流出。治疗方法为每 100 kg 饲料加大蒜 250 g 拌料,连续喂养 3 d～4 d。其他鱼病可按无鳞鱼鱼病常规方法进行治疗。

ICS 65.150
B 52

中华人民共和国水产行业标准

SC/T 1086—2007

施氏鲟养殖技术规程

Technical Specification for Amur Sturgeon Culture

2007-04-17 发布

2007-07-01 实施

中华人民共和国农业部 发布

前　言

本标准由中华人民共和国农业部渔业局提出。

本标准由全国水产标准化技术委员会淡水养殖分技术委员会归口。

本标准起草单位：中国水产科学研究院黑龙江水产研究所。

本标准主要起草人：曲秋芝、孙大江、马国军、王念民、吴文化。

施氏鲟养殖技术规程

1 范围

本标准规定了施氏鲟(*Acipenser schrenckii* Brandt)的亲鱼、亲鱼培育、人工繁殖、苗种培育、苗种质量和食用鱼饲养技术。

本标准适用于施氏鲟的人工养殖。

2 规范性引用文件

下列文件中的条款通过本标准的引用而成为本标准的条款。凡是注日期的引用文件,其随后所有的修改单(不包括勘误的内容)或修订版均不适用于本标准,然而,鼓励根据本标准达成协议的各方研究是否可使用这些文件的最新版本。凡是不注日期的引用文件,其最新版本适用于本标准。

GB 11607 渔业水质标准

NY 5071 无公害食品 渔用药物使用准则

NY 5072 无公害食品 渔用配合饲料安全限量

SC/T 1008 池塘常规培育鱼苗鱼种技术规范

3 亲鱼

3.1 来源

3.1.1 来自持有国家发放的良种生产许可证的施氏鲟良种场。

3.1.2 严禁苗种生产场使用同一场自行繁殖的后代作为亲鱼。

3.2 要求

3.2.1 外部形态特征

头略呈三角形,吻较尖,头顶部扁平。口下位,较小,横裂,口唇具皱褶。口前方具触须 2 对,横行并列,须较长,须长大于须基距口前缘的 1/2,吻下面须的基部有疣状突起。眼小,位头的中侧部。

背鳍 1 个,后位,起点在腹鳍之后。臀鳍起点在背鳍起点后下方,后缘微凹入。胸鳍位鳃孔后下方,第一不分支鳍条发达呈硬刺状。腹鳍位背鳍前,末端可达背鳍始点下方。尾鳍为歪形尾,上叶长于下叶。

体无鳞,皮肤较光滑。体侧及背部褐色或灰色,腹部银白色。

3.2.2 可数与可量性状

3.2.2.1 可数性状

背鳍鳍式为 D.40;臀鳍鳍式为 A.30;胸鳍鳍式为 P.35;腹鳍鳍式为 V.25;鳃耙数为 36。

体具 5 行纵列的骨板。每个骨板上均有锐利的棘。背部骨板 13,第一骨板上的硬棘最大;左右侧骨板 37;腹侧骨板 11。

3.2.2.2 可量性状

体长为体高的 7.71 倍～7.73 倍,为头长的 3.60 倍～3.63 倍。头长为吻长的 1.69 倍～1.71 倍,为眼径的 7.55 倍～7.57 倍,为眼间距的 2.81 倍～2.83 倍。

3.3 繁殖年龄和体重

允许作为繁殖用亲鱼的最小年龄和最小体重见表1。

表 1 繁殖用亲鱼的最小年龄和最小体重

亲鱼性别	性成熟年龄 龄	允许繁殖的最小年龄 龄	允许繁殖的最小体重 kg
雌（♀）	7	8	10
雄（♂）	4	5	5.5

4 亲鱼培育

4.1 亲鱼池

亲鱼培育池应为流水、微流水池塘,面积 200 m²～500 m²,池深 1.5 m～2 m;或圆形水泥池,直径 7 m～8 m,池深 1.5 m～1.8 m,池底中间排水凹陷坡度为 1∶20。

4.2 水源和水质

水源充足,有独立的注排水系统。水质应符合 GB 11607 的规定,其中溶解氧应在 5 mg/L 以上。

4.3 亲鱼放养

4.3.1 当年初次产卵的亲鱼可专池培育,也可与其他鲟鱼混养,在上一年冬季水温下降到 10℃后,转入亲鱼专用池培育。经产的亲鱼,专池培育。

4.3.2 放养密度,每个亲鱼池可放养亲鱼 8 尾～20 尾,雌、雄亲鱼分池培育,非产卵季节池水每 3 h 交换 1 次,产卵季节池水每 1 h 交换 1 次。

4.4 培育管理

4.4.1 投喂

4.4.1.1 饲料种类与要求

可以使用鲜活饵料或配合饲料,鲜活饵料可以是鱼、虾、螺、蚌等。应切碎、除壳后投喂。饲料应该新鲜,安全质量符合 NY 5072 的规定,腐败变质的饲料不得使用。

4.4.1.2 投喂方式和投饲量

亲鱼入池后,即应投饲。每天早、晚各 1 次,配合饲料的日投饲量为亲鱼体重的 0.5%～1%。根据摄食情况进行调整。

4.4.2 日常管理

4.4.2.1 每天早、晚巡池 2 次。注意观察亲鱼活动情况,做好饲养记录,发现问题及时解决。

4.4.2.2 产卵亲鱼应做标记,建立档案,记录亲鱼的产卵时间和年龄,卵的质量和数量,受精卵孵化率及鱼苗成活率。

4.4.2.3 加强巡池,防逃、防盗。

4.4.2.4 加强鱼病的防治,方法见 8.5。

5 人工繁殖

5.1 环境条件

5.1.1 繁殖季节

施氏鲟的产卵季节随养殖的地区差别而不同,其繁殖季节见表 2。

表 2 施氏鲟的繁殖季节

地　区	繁　殖　期	最适繁殖期
黑龙江流域	5月上旬至6月中旬	5月中旬至6月上旬
北京与河北地区	4月上旬至5月下旬	4月中旬至5月上旬

5.1.2 繁殖水温

繁殖水温 12℃～18℃,最适水温 14℃～16℃。

5.1.3 水质

繁殖用水的水质应符合 4.2 的要求。

5.2 催产亲鱼的选择

5.2.1 外部形态

施氏鲟亲鱼应符合第 3 章的规定,且体质健壮,无创伤,无疾病,无畸形。

5.2.2 性别鉴定

用医用手术刀在亲鱼腹部切 0.5 cm～1 cm 长的切口,再用取卵器取性腺,确定性别。

5.2.3 配组

催产雌、雄亲鱼的配比为 1:2～3。

5.3 人工催产

5.3.1 催产药物

可用鲤鱼脑垂体,鲟鱼脑垂体及鱼用促黄体素释放激素类似物(LRH-A)。

5.3.2 催产剂量

亲鱼的催产剂量选择表 3 中任意选一种。视亲鱼发育情况进行调整。

5.3.3 方法

催产剂用 0.7% 的生理盐水配制。采用胸鳍基部或背部肌肉注射。一次注射和二次注射均可。采用二次注射时,第一次注射总剂量的 1/6～1/8,间隔 8 h～10 h 再进行第二次注射,注射全部余量。

表 3 施氏鲟催产药物和剂量

亲鱼性别	催产药的选择	药 物	剂 量
雌(♀)	1	鱼用促黄体素释放激素类似物(LRH-A)	(40～50)μg/kg
	2	鱼用促黄体素释放激素类似物(LRH-A)	(20～30)μg/kg
		鲟鱼脑垂体(PG)	(8～12)mg/kg
	3	鲟鱼脑垂体(PG)	(10～15)mg/kg
		鲤鱼脑垂体(PG)	(6～10)mg/kg

注:雄(♂)亲鱼的注射方法和催产药物与雌亲鱼相同,剂量为雌鱼剂量的一半。

5.4 产卵与排精

5.4.1 产卵池要求

池底清洁,水质清新、透明度高,环境安静、避光。

5.4.2 产卵池准备

按 SC/T 1008 规定进行清池、消毒。

5.4.3 排卵反应

雌亲鱼会出现产前行为,激烈游动并产出少量的卵。

5.4.4 排精反应

雄鱼出现产前行为,激烈流动并排少量精液。

5.5 人工授精

5.5.1 取卵

用担架将产卵的雌鱼从池内抬出,放到手术台上,使用医用外科工具和鱼用外科缝合线,剖腹取卵后立刻缝合切口。

5.5.2 取精液

用担架将排精的雄鱼从池内抬出,放到手术台上,擦干鱼身体上的水,挤压腹部,将精液挤入无水的容器内。4℃保存。

5.5.3 授精

将两尾以上雄鱼的精液经镜检后混合,按 1 kg 成熟卵加 5 mL 精液的比例混合搅拌均匀后,加入 1 kg 水授精 3 min～5 min,避光操作。

5.5.4 受精卵脱黏

将受精卵倒入盆中,加入 20% 的滑石粉匀浆溶液,用手均速搅拌 40 min 左右,卵不粘手即可。将脱过黏后的受精卵倒入孵化槽内孵化。

5.6 孵化

5.6.1 孵化用水

水质应符合 GB 11607 的规定,其中溶解氧应在 7 mg/L 以上。进入孵化器的水用 0.25 mm 网孔的尼龙或乙纶网过滤。

5.6.2 孵化方式

流水孵化。

5.6.3 孵化密度

30 L/min 流量的水,可孵化 32 kg 受精卵(约 $32 \times 5 \times 10^4$ 粒)。

5.6.4 孵化时间

鱼苗孵化时间与水温密切相关。水温与孵化时间的关系见表4。

表 4　水温与出膜时间的关系

水温,℃	12～15	17～19	20～22
出膜时间,h	170	98	94

5.6.5 孵化管理

孵化期间应有专人值班,观察检查孵化设备的运转情况,鱼卵的发育状况,及时清除死卵、坏卵,防止水霉生成。孵化期内,每 5 h～6 h 用浓度为 50 mL/L 福尔马林消毒 15 min。检查与清洗滤水设备,保持滤水流畅。做好值班记录。计数出膜的鱼苗,并将其及时移入育苗池。

6　鱼苗、鱼种培育

6.1　环境条件

6.1.1　场地

苗种场应选择在阳光充足,交通便利的地方。

6.1.2　水源和水质

水源充足,注排水方便。水质除应符合 GB 11607 的规定,其中水中溶解氧应在 5 mg/L 以上,最适水温 18℃～22℃。还应符合以下要求:

——鱼苗池的池水透明度为 2 m～3 m;

——鱼种池的池水透明度为 2 m～2.5 m。

6.2　培育设施

6.2.1　培育池

6.2.1.1 鱼苗培育池

水泥、玻璃钢和塑料均可作为鱼苗池的材料,直径 1.5 m～2 m 圆形或近似圆形的鱼池水流量易控制,投喂和清理方便。鱼苗池的总深度 60 cm～70 cm,水的深度可在 20 cm～50 cm 之间任意调节。上供水,底部中央排水,单排单注,池底边缘到底中央应有 1：20 的坡降。

6.2.1.2 鱼种培育池

15 m²～20 m² 的圆形或近似圆形池,水深 1 m。进水口与鱼池形成一定角度,使池水形成定向旋转,有利清污。排水口可采用塞式或套管式排水节门。

6.3 鱼苗培育

6.3.1 出膜后的施氏鲟鱼苗,移入鱼苗池培育。根据水温度和鱼苗规格,确定放养密度(见表5)。

表 5 施氏鲟鱼苗放养密度

鱼体重 g	温度 ℃	密　度	
		千尾/m²	千尾/m³
0.04～0.07	16～17	5～7	25～35
0.07～0.5	17～19	3～5	15～25
0.06～1.0	19～20	2.0	10
1.1～3.0	20～22	1.0	2.5

6.3.2 出膜 7 d～10 d,卵黄囊逐渐吸收,色素栓排出体外,鱼苗开始摄食。开口饵料有卤虫、水蚤及水蚯蚓等生物饵料,或专用开口配合饲料。在投喂水蚯蚓前,先将其清洗去污再切碎后,用 5% 食盐水消毒 2 min～3 min。用专用开口饲料可直接投喂。培育过程中,应根据鱼苗生长和密度情况,及时进行稀疏、分池。鱼苗生长速度见表6。

表 6 鱼苗生长速度表

积温 ℃·d	日龄	平均全长 cm	平均日增长 cm	平均日增长率 %	平均体重 mg	平均日增重 mg	平均日增重率 %
188.5	1	1.4	0.15	8.1	24.2	8.07	16.7
	7	2.31			72.6		
112	13	2.90	0.098	2.4	162.0	14.9	12.7
408	20	4.90	0.28	7.2	540.0	54.0	15.4
	30	7.10	0.22	3.7	1 515.0	97.5	9.5

6.3.3 鱼苗体重达到 0.5 g～1 g 时,采用活饵和配合饲料交替投喂方法,使鱼苗适用配合饲料,最后过渡到完全使用配合饲料。

6.4 鱼种培育

6.4.1 放养前准备

流水或微流水池塘应按 SC/T 1008 规定进行清池、消毒。水泥池进行清洗后,用浓度为 $1×10^{-7}$ 高锰酸钾消毒。

6.4.2 鱼种规格

鱼种的标准:一般在体重 10 g 以上,体长 14 cm 以上,能完全摄食颗粒饲料。

6.4.3 鱼种放养密度

水泥池放养密度见表7。

表7 鱼种放养密度参照表

鱼体重 g	水温 ℃	放养密度 尾/m²
3.1～5.0	22～24	5 000～8 000
10～30.0	24～26	2 000～2 500
40～65	24～26	1 000～1 500
1龄鱼		100～160
2龄鱼		50～80
3龄鱼		25～40

6.4.4 投饲

用配合饲料直接投喂。最适温度(16℃～22℃)下鱼苗配合饲料的日投喂率见表8。

表8 最适温度鱼苗、鱼种配合饲料投喂率

鱼体重 g	日投喂率(占鱼体重) %
3～10	7.0
10～30	6.5
30～50	6.0
50～70	5.0
70～120	3.0
120～200	3.0
2龄鱼	2.0
3龄鱼	1.0

6.4.5 饲养管理

鱼苗、鱼种培育池内保持清洁环境,及时清除残饵,培育期间对不同规格的苗种,定期筛选分池。对体弱个体,隔离培育。

7 鱼苗、鱼种质量

7.1 苗种来源

7.1.1 鱼苗:由符合第3章规定的亲鱼经人工繁殖的鱼苗。

7.1.2 鱼种:由符合7.1.1规定的鱼苗经培育成的鱼种。

7.2 鱼苗质量

7.2.1 外观

肉眼观察体色鲜亮,呈半透明的灰黑体色,体长在10 mm～12 mm,胸前有较大的卵黄囊,刚出膜的个体在孵化槽中由底向水面垂直游动,或沉到水底停留片刻再继续游动。随着卵黄囊的逐渐吸收,鱼苗体长增加,在开口之前,体长可达到18 mm。开始上下游动转入水平游动,最后在池底集群游动,对光、声音及振动反应敏感,动作迅速,有趋光和逆水性。体表无伤、无畸形、无病。

7.2.2 可数与可量性状

7.2.2.1 可数指标

畸形率≤5%;伤病率≤1%;无色透明个体≤0.1%。

7.2.2.2 可量指标

7 d～10 d,95%以上的鱼苗全长不小于17 mm。

7.3 鱼种质量

7.3.1 外观

体形正常,鳍条与骨板完整,体无损伤,已具有成鱼的特征。体表光滑有黏液,色泽正常,游动活泼。

7.3.2 可数与可量指标

7.3.2.1 可数指标

畸形率≤1%;伤病率≤1%;白化个体≤1‰。

7.3.2.2 可量指标

各种规格鱼种的平均全长、平均重量和单位重量尾数应符合表9规定。

7.3.3 检疫

不带有任何传染性疾病。

8 食用鱼饲养

8.1 环境条件

8.1.1 流水池塘与水泥池

8.1.1.1 流水池塘面积1 000 m²～2 000 m²,水深2 m左右,有独立的供水系统。约每500 m²设一个固定饲料台,位置在距池边3 m～4 m,水深2 m左右的地方。

表9 各种规格鱼种的平均全长、平均重量和单位重量尾数

全长 cm	体重 g/尾	每千克总尾数 尾/kg	全长 cm	体重 g	每千克总尾数 尾/kg
14.1	10.00	100	37.6	184.71	5
16.4	15.99	62	38.0	195.40	5
16.6	16.55	60	39.0	205.7	5
18.0	19.50	50	39.2	219.4	4
19.7	24.65	40	39.3	233.8	4
20.1	29.95	33	42.3	249.8	4
21.8	32.20	30	40.0	275.5	4
22.6	38.10	26	42.3	285.6	3
23.6	41.10	24	41.1	290.3	3
24.5	46.80	21	43.5	305.6	3
25.2	51.00	19	45.1	330.5	3
26.1	61.10	16	47.3	375.5	3
29.1	75.00	13	48.0	405.3	2
30.0	81.90	12	48.5	430.5	2
32.1	103.2	9	49.5	445.5	2
34.1	146.5	6	53.6	490.0	2
35.7	152.3	6	56.5	560.0	1.8
36.9	170.10	5	57.5	640.0	1.6

8.1.1.2

圆形或近似圆形水泥池面积 50 m² 左右,水深 1 m。条形水泥池面积 100 m²～150 m²,水深 1 m。

8.1.2 水源

水源无污染,水量充足;注排畅通。

8.1.3 水质

水质清新,溶解氧保持在 5 mg/L 以上。透明度应大于 50 cm。其他指标应符合 GB 11607 的规定。

8.1.4 水温

最适水温 17℃～24℃。

8.2 饲养方式

水泥池流水或池塘微流水养殖,单养或与其他鲟鱼混养。也可根据实际情况采用其他养殖方式。在水库、湖泊可采用天然水域放牧式或网箱养殖。

8.3 鱼种放养

8.3.1 放养前的清池、消毒

鱼种入池前 10 d 左右,用生石灰和漂白粉常规消毒。药物清池按 SC/T 1008 的规定进行。水泥池进行清洗后,用浓度为 0.1 mg/L 高锰酸钾消毒。

8.3.2 鱼种质量与规格

放养鱼种质量和规格应符合 7.3 的要求。

8.3.3 放养密度

放养密度根据池塘条件、鱼种规格及养殖方式不同而异。流水池塘放养密度见表 10。水泥池放养密度见表 7。

表 10 流水池塘放养密度

规格	150 g～300 g	1 龄鱼	2 龄鱼	3 龄鱼
密度 尾/667 m²	600～1 300	450～600	400～450	200～330

8.4 饲养管理

8.4.1 水质管理

保持水质清新,溶解氧 5 mg/L 以上。水量充足,水流量根据放养密度和水温进行调整。

8.4.2 饲料与投喂

8.4.2.1 饲料:采用安全质量符合 NY 5072 规定的鲟鱼专用配合饲料,其饲料基本成分见表 11。

表 11 鲟鱼配合饲料基本成分

成分	植物蛋白	动物蛋白	蛋白总量	脂肪	碳水化合物	纤维素
比例,%	9～29	15～35	38～44	7～10	21～32	10～16

8.4.2.2 投喂:日投喂 2 次,投喂量占鱼体体重的 3%～5%。

8.4.3 鱼池管理

保持池内环境清洁,检查注排水设施的正常运转,观察鱼的活动吃食情况确定相应的饲养管理措施。监测水中溶解氧量,发现问题及时解决。

8.5 疾病防治

8.5.1 防治原则

8.5.1.1 坚持以预防为主、防治结合、防重于治的原则。

8.5.1.2 防治药物的使用应按 NY 5071 的规定执行。

8.5.2 主要疾病的治疗

8.5.2.1 小瓜虫病

8.5.2.1.1 病原

寄生在鲟鱼体上的是多子小瓜虫,成虫呈卵圆形或球形。

8.5.2.1.2 症状

小瓜虫寄生后,形成 1 mm 以下的小白点,故也叫白点病。小瓜虫在鱼的皮肤和鳃组织中剥取细胞质为食,同时,溶解以及寄主受刺激而发生相应的反应分泌大量的黏液,将入侵的传播子和繁殖子围住,形成白色囊泡,能导致大批鱼死亡。病情严重时,躯干、头、鳍、鳃、口腔等处都布满小白点,同时伴有大量黏液,患病鱼体消瘦,行动缓慢,经常与池壁或池底摩擦。

8.5.2.1.3 防治方法

用 150 ml/L 福尔马林在培育池中处理 30 min,需连续处理数次,每天 1 次;或全池遍洒亚甲基蓝,使池水成 2 mg/L 浓度,连续数次,每天 1 次。

8.5.2.2 车轮虫病

8.5.2.2.1 病原

车轮虫(*Trichodina* spp.)和小车轮虫(*Trichodinella* spp.)属缘毛目、游动亚目(Moleilina)、壶形科(Urceolavvidal)。

8.5.2.2.2 症状

车轮虫主要危害幼小的鱼苗和鱼种,对 2 龄以上的大鱼,一般不会引起严重的疾病,但可成为带病者。在鱼苗养成夏花阶段,车轮虫常大量发生,剥取幼鱼的皮肤和鳃组织作营养,刺激组织分泌过多的黏液,严重地影响其呼吸。车轮虫主要寄生在鱼苗的体表与鳃上,少量寄生时,无明显症状,严重感染时,引起寄生处黏液增多,鱼苗游动缓慢,车轮虫在鱼的鳃及体表各处不断爬动,引起鱼不安,行为异常。

8.5.2.2.3 防治方法

用硫酸铜或食盐水进行药浴;或全池遍洒福尔马林,使池水福尔马林浓度达到 30 ml/L,1 h 后换水。

8.5.2.3 细菌性肠炎

8.5.2.3.1 症状

腹部、口腔出血、肛门红肿、鱼体消瘦。

8.5.2.3.2 防治方法

预防:保持水质清新,投喂饲料质量好,没变质。治疗:每 100 kg 饲料加大蒜 250 g 拌料,连续投喂养 3 d~5 d。

8.5.2.4 指环虫

8.5.2.4.1 病原

指环虫(*Dactylogyrus* spp.)。

8.5.2.4.2 症状

指环虫多数种类的适宜温度在 20℃~25℃,主要寄生在小体鲟的体表与鳃上,少量寄生时无明显症状,大量寄生时,可引起鱼的鳃丝肿胀、充血,鳃上有大量黏液,病鱼呼吸困难,游动缓慢而死。指环虫用后固着器上的中央大钩和边缘小钩钩在鳃上,用前固着器黏附在鳃上,并可在鳃上爬动,引起鳃上组织损伤,呼吸上皮细胞及黏液细胞增生,分泌物增多,急性型病鱼鳃的毛细血管充血,渗出,嗜酸粒细胞和淋巴细胞浸润严重,呼吸上皮细胞肿胀,脱离毛细血管,严重时鳃小片坏死,解体一大片,附近的软骨组织发生变性。

8.5.2.4.3 防治方法

放养前用 1.5%～2%食盐水洗浴 5 min～10 min；全池遍洒晶体敌百虫，使池水达 0.3 mg/L～0.5 mg/L 浓度。

8.5.2.5 卵甲藻病

8.5.2.5.1 病原

病原体为嗜酸卵甲藻(*Oodinium acidophilum* Nie)，属胚沟藻目胚沟藻种中一个淡水种。

8.5.2.5.2 症状

此病发病初期与小瓜虫病极为相似，体表出现稀疏的小白点，以后逐渐增多，严重时像滚了一层面粉，故又称打粉病。病鱼游动缓慢，食欲减退，终致瘦弱死亡。出现此病的地方水 pH 都偏低，一般在 5～6.5 之间。

8.5.2.5.3 防治方法

池水中加入 30 g/m³ 的生石灰，提高 pH，就能杀死嗜酸卵甲藻的裸甲子，可控制和治疗此病。

ICS 65.150
B 52

DB32

江 苏 省 地 方 标 准

DB32/T 540.2—2013
代替 DB32/T 540.2—2002

无公害家化暗纹东方鲀养殖技术规范
第2部分：人工繁殖技术

Rules for the culturing technology of non-environmental pollution domestic fugu obscurus—Part 2:Artificial propagation technology

2013-12-30 发布

2014-01-20 实施

江苏省质量技术监督局 发布

前　言

DB32/T 540《无公害家化暗纹东方鲀养殖技术规范》分为四个部分：
——第1部分：亲鱼培育技术；
——第2部分：人工繁殖技术；
——第3部分：鱼苗培育技术；
——第4部分：幼鱼育成技术。
本部分代替 DB32/T 540.2—2002《无公害家化暗纹东方鲀养殖技术规范　人工繁殖技术》。
本部分为 DB32/T 540 的第2部分，给出了家化暗纹东方鲀的人工繁殖技术。
本标准与 DB32/T 540.2 相比修改如下：
——增加规定了催产时间为"3月中旬～4月下旬"；
——增加了催产池的规定，同时对催产池内的水质、水温也做了明确要求；
——删除了网箱孵化的有关内容；
——对产卵效应时间作了一般性规定；
——从专人轮流值班，注意观察发情情况；产卵池内提供一定的水流刺激，进一步保证性腺的发育；
　　环境一定要安静，防止任何惊扰三个方面对产亲鱼管理作了具体规定；
——按 GB/T 1.1—2000《标准化工作导则　第1部分：标准的结构和编写规则》的要求对标准格式
　　进行了修订。
本部分中附录A为规范性附录。
本部分中附录B为资料性附录。
本标准实施之日起，DB32/T 540.2—2002 同时废止。
本部分由江苏省海洋与渔业局、南通市海安质量技术监督局提出。
本部分主要起草单位：江苏中洋集团股份有限公司、南通市海安质量技术监督局。
本部分主要起草人：朱永祥、秦桂祥、郭正龙、谢德友、卢玉平。

无公害家化暗纹东方鲀养殖技术规范
第2部分:人工繁殖技术

1 范围

本部分规定了无公害家化暗纹东方鲀人工繁殖的环境条件、催产、人工授精和孵化。

本部分适用于无公害家化暗纹东方鲀的人工繁殖。

2 规范性引用文件

下列文件中的条款通过 DB32/T 540 的本部分的引用而成为本部分的条款。凡是注日期的引用文件,其随后所有的修改单(不包括勘误的内容)或修订版均不适用于本部分,然而,鼓励根据本部分达成协议的各方研究是否可使用这些文件的最新版本。凡是不注日期的引用文件,其最新版本适用于本部分。

GB/T 18407.4　农产品安全质量　无公害水产品产地环境要求

NY 5051　无公害食品　淡水养殖用水水质

SC 1011　鱼用绒毛膜促性腺激素

DB32/T 540.1　无公害家化暗纹东方鲀养殖技术规范　第1部分:亲鱼培育技术

DB32/T 541　无公害家化暗纹东方鲀　疾病防治技术规范

DB32/T 542　无公害家化暗纹东方鲀　配合饲料

3 环境条件

3.1　人工繁殖场地应符合 GB/T 18407.4 的规定。

3.2　人工繁殖用水应符合 NY 5051 和 DB32/T 540.1—2002 中附录 A 的规定。

4 催产

4.1 催产时间

3月中旬～4月下旬。

4.2 催产池

圆形或方形水泥池,面积 30 m²～50 m²,水深 0.6 m～0.8 m。清整与消毒按 DB32/T 541—2002 中 4.2.2 的要求进行。

4.3 催产池水温

适宜水温 19℃～24℃,要求与亲鱼培育池温差不大于 2℃。

4.4 催产亲鱼选择

4.4.1 雌雄性别判定

雌雄性别判定见表 1。

表 1　家化暗纹东方鲀雌雄性别判定

鉴别特征	雌　性	雄　性
外观	背鳍基部平滑,黑斑宽短。背鳍前方横纹间距略相等。 腹部两侧膨大,体侧轮廓略呈"S"形,触摸腹部可明显感到柔软的卵巢,且有左大右小的感觉	背鳍基部略下凹,基部黑斑窄长。背鳍前方横纹间距不等。 体形自然狭直。触摸腹部可明显感到有发硬的精巢,无不对称感觉

表 1（续）

鉴别特征	雌　性	雄　性
游泳行为	游动速度较慢,比较安静。 游动时,胸鳍张开与体轴形成的角度小,且摆动轻柔平缓	游动速度较快,稍显活泼。 游动时,胸鳍张开与体轴形成的角度大,几乎垂直,除水平摆动外,还伴有上下抖动,似涡轮状

4.4.2　选择要求

4.4.2.1　雌鱼应腹部性腺轮廓明显,较柔软,泄殖孔略扩大。

4.4.2.2　雄鱼应体质健壮,腹部有性腺轮廓,轻压下腹部,有精液溢出。

4.4.2.3　雌雄配比为 1∶1～1∶1.5。

4.5　催产剂配制方法

见附录 A。

4.6　催产剂注射方法和剂量

左胸鳍鳍窝处腹腔注射催产剂。催产剂注射方法为两针注射法,具体注射方法和剂量按表 2 规定执行。

表 2　两针注射法及剂量

针　次	催产激素	剂　　　量	间隔时间
第 1 针	PG＋LRH-A	雌:(1～2.5) mg/kg＋(5～10)μg/kg 雄:减半	—
第 2 针	PG＋LRH-A＋HCG	雌:(1～2.5)mg/kg＋(10～20)μg/kg＋(200～300)IU/kg 雄:减半	12 h～24 h

4.7　催产亲鱼管理

4.7.1　亲鱼注射催产剂后应放入催产池,并由专人轮流看护,观察亲鱼活动和发情情况。

4.7.2　催产池内应保持一定的水流,流速 0.1 m/s～0.2 m/s。

4.7.3　保持催产池及其四周环境安静。

4.8　效应时间

产卵池水温 19℃～24℃,产卵的效应时间为 20 h～30 h。

5　人工授精

5.1　授精时机判断

5.1.1　临产雌鱼授精时机判断

腹部柔软,泄殖孔松开,生殖突红肿,用手挤压腹部,卵粒游离至泄殖孔。取卵粒浸于卵球透明液(透明液配制:无水乙醇 85%、福尔马林 10%、冰乙酸 5%)2 min～3 min 后逆光肉眼观察卵的形态,卵粒应晶莹透亮,外形正规,大小均匀,有 80%～90% 卵核偏位。

5.1.2　临产雄鱼授精时机判断

轻轻挤压腹部精巢部位,泄殖孔有乳白色精液溢出,精液遇水即散。

5.2　操作程序

采用干法授精。取待产亲鱼,用手指堵住泄殖孔;再用干毛巾吸干鱼体体表水分;保持鱼头微上斜,泄殖孔朝下,从前向后缓缓推挤腹部,将精、卵同时挤入已消毒、干燥、洁净的光滑容器内,同时用消毒、柔软的羽毛轻匀搅动精、卵,充分混合;然后徐徐加入 0.7% 的生理盐水,直至淹没,继续搅拌 1 min～2 min;倒去上层浑浊水,换上清水;重复用清水洗卵两次到三次,直至水清为止,即可移入孵化器中孵化。

5.3 操作要求

5.3.1 应三人密切配合进行,采精、采卵、搅拌动作应轻柔,同步。

5.3.2 雌雄配比为 1︰1～1︰1.5。

5.3.3 人工授精时应避免阳光直射。

5.3.4 精、卵混合前不应与水接触。

5.4 产后护理

5.4.1 产后亲鱼应注射消炎针,青霉素注射剂量为每千克 5 万～15 万单位。

5.4.2 产后鱼培育池应弱光,水深 1.5 m,保持微流水,溶氧量大于 8 mg/L,并保持环境安静。

5.4.3 增加饵料营养,增投鲜活饵料。

6 孵化

6.1 孵化条件

6.1.1 水质

应符合 3.2 的规定,初次用水应经沉淀、曝气、过滤处理,并使用孔径 0.18mm 的尼龙筛绢过滤。

6.1.2 水温

孵化适宜水温 19℃～25℃。

6.1.3 孵化设施

孵化桶孵化,孵化桶容水量 500 L,放卵密度 1.0×10^5 粒/桶～2.0×10^5 粒/桶。孵化桶制作参见附录 B。

6.2 孵化管理

6.2.1 调节水流速度使受精卵在水中能均匀分散涌起。

6.2.2 保持桶罩网布清洁。

6.2.3 孵化过程中应及时去除未受精卵。

6.3 孵化时间

从受精至出膜所需时间因水温而异,孵化时间见表4。

表 4 不同水温家化暗纹东方鲀胚胎发育所需时间

水温,℃	16	18	20	22	24
时间,d	10	8	6～7	5	4

6.4 胚后管理

6.4.1 鱼苗出膜 24 h 后,将先期孵出的鱼苗分离至另一孵化桶,24 h 后开始喂饲轮虫(需经 140 目筛绢过滤),喂饲时保持微流水,微充气 5 min～10 min。

6.4.2 胚后发育阶段,应保持生态条件稳定,溶氧量保持在不少于 7 mg/L。

6.4.3 待鱼苗卵黄囊基本消失,鱼鳔显现,具主动摄食能力,即可进入鱼苗培育阶段。

附 录 A
（规范性附录）
催熟注射液、催产剂注射液的配制方法

A.1 鲤鱼脑垂体（PG）注射液

A.1.1 PG 颗粒大而完整、颜色白皙，干燥冷藏保存。

A.1.2 取所需剂量的鲤鱼脑垂体，置于干燥的研钵中研成粉末，然后加入 0.7％的生理盐水，研磨成悬浊液即成。现配现用。

A.2 鱼用绒毛膜促性腺激素（HCG）注射液

A.2.1 HCG 质量应符合 SC 1011 的规定。

A.2.2 取所需剂量的鱼用绒毛膜促性腺激素溶于 0.7％的生理盐水，即成。现配现用。

A.3 鱼用促黄体素释放激素类似物（LRH-A）注射液

A.3.1 LRH-A 为白色粉末状晶体，水溶性好。

A.3.2 取所需剂量的鱼用促黄体素释放激素类似物溶于 0.7％的生理盐水即成注射量。

附 录 B
（资料性附录）
孵化器制作及使用

B.1 孵化桶

　　桶身由镀锌白铁皮制成,略似圆锥形,各部位具体规格见下图,并配套相应规格的支架。桶罩罩架由竹篾片或钢筋制成,外蒙 60 目筛绢网,下口缝上海绵。

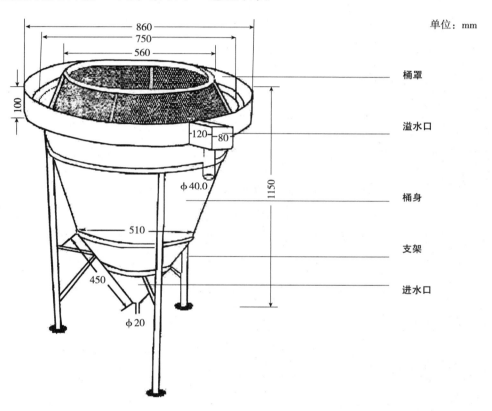

图 B.1 孵化桶

DB37

山 东 省 地 方 标 准

DB37/T 612—2006

半滑舌鳎苗种培育技术规程

2006-08-01 发布

2006-10-01 实施

山东省质量技术监督局 发布

前　言

本标准由山东省海洋与渔业厅提出。

本标准由山东省渔业标准化专业技术委员会归口。

本标准起草单位：山东省海洋水产研究所。

本标准主要起草人：姜海滨、刘爱英、陈玮、赵中华、王永强、王远国。

半滑舌鳎苗种培育技术规程

1 范围

本标准规定了半滑舌鳎（*Cynoglossus semilaevis* Gunther）的亲鱼选择培育、产卵、孵化、仔稚鱼培育及幼苗培育的相关技术。

本标准适用于半滑舌鳎的亲鱼培育、产卵、孵化及苗种培育。

2 规范性引用文件

下列文件中的条款通过本标准的引用而成为本标准的条款。凡是注日期的引用文件，其随后所有的修改单(不包括勘误的内容)或修订版均不适用于本标准，然而，鼓励根据本标准达成协议的各方研究是否可使用这些文件的最新版本。凡是不注日期的引用文件，其最新版本适用于本标准。

GB 11607　渔业水质标准

GB/T 18407.4　农产品安全质量　无公害水产品产地环境要求

NY 5052　无公害食品　海水养殖用水水质

NY 5071　无公害食品　渔用药物使用标准

NY 5072　无公害食品　渔用配合饲料安全限量

3 环境条件

3.1 场址选择

符合 GB/T 18407.4 的规定。选择海水水源充足，无污染，交通方便，电力充足和有淡水水源的地区建场。

3.2 水质条件

水源水质符合 GB 11607 的规定，培育用水符合 NY 5052 的规定。

4 育苗设施

应有蓄水池、沉淀池、滤水设施、增氧设施、升温设施及动植物饵料培育室、亲鱼培育室及育苗室。

5 亲鱼

5.1 来源

5.1.1 收购从自然海区捕获的野生鱼经驯养和强化培育可作为亲鱼。

5.1.2 通过人工育苗，选择生长速度快、生长性状优良的个体作为亲鱼。

5.1.3 亲鱼运输

5.1.3.1 运输前停食 36 h。

5.1.3.2 运输水温：8℃～10℃。

5.1.3.3 用活鱼袋单尾充氧运输。

5.1.3.4 亲鱼运回后经过渡适应才能养殖，水温差小于 2℃，盐度差小于 5。

5.2 规格与配比

雌鱼不小于 3 龄，体重 1.5 kg～2.5 kg，雄鱼 2 龄以上，体重 0.2 kg～0.7 kg，雌雄比为 1∶(2～3)。

5.3 亲鱼培育

5.3.1 培育池

培育池以 30 m²～50 m² 为宜,圆形或八角形,池底最好贴白瓷砖,池深 1.2 m,中间排水。

5.3.2 放养密度

放养密度不宜过大,以 2 尾/m² 为宜,重量小于 3 kg/m²。

5.3.3 培育条件

5.3.3.1 光照强度

500 lx～800 lx,光线应均匀、柔和。

5.3.3.2 水温

13℃～28℃。

5.3.3.3 盐度

20～32。

5.3.3.4 pH

7.6～8.6。

5.3.3.5 溶解氧

6 mg/L 以上。

5.3.3.6 流水量

根据季节及水温不同,日流水量为培育水体的 3 倍～6 倍。

5.4 亲鱼饵料及投喂

5.4.1 饵料种类

颗粒配合饲料和鲜活饲料(沙蚕、缢蛏、文蛤、竹蛏及鹰爪虾等)。颗粒配合饲料要符合 NY 5072 的规定。

5.4.2 投喂

日投喂两次,早、晚各一次,饵料颗粒要适口,投喂量以基本饱食为宜。喂后 1 h～2 h 清残饵。

5.5 产卵

多为夜间自然产卵,水温 24℃～25℃,盐度 20～32。

5.6 集卵

5.6.1 方法

流水收集或筛网捞取法,所用筛绢为 70 目～80 目。

5.6.2 时间

应在产卵后尽快收集受精卵。

5.6.3 选上浮卵

集卵后选取上浮透明受精卵并称重计数。

5.7 孵化密度

每 1 m³ 海水放受精卵 600 g～800 g。

5.8 孵化

水温 22℃～24℃,盐度 28～32,微充气,光照强度 500 lx～2 000 lx。网箱或玻璃钢桶流水孵化,要及时清除死卵。

6 仔稚鱼培育

6.1 培育池

池大小以 10 m²～20 m² 为宜,圆形或八角形,池深 1 m,中间排水,池底以铺瓷砖为佳。

6.2 培育条件

6.2.1 光照强度

500 lx～1 000 lx。

6.2.2 水温

20℃～25℃。

6.2.3 盐度

20～32。

6.2.4 pH

7.6～8.6。

6.2.5 溶解氧

5 mg/L 以上。

6.3 培育密度及水位

初孵仔鱼的培育密度为 6 000 尾/m²～10 000 尾/m²，池水位为 50 cm。

6.4 仔鱼培育

6.4.1 仔鱼前期培育

仔鱼孵化后至 4 d～5 d 为仔鱼前期，不需投饵，需微充气，每日加水 10%，水温 22℃～25℃。

6.4.2 仔鱼后期培育

孵化后第 4 d～18 d 为仔鱼后期培育。

6.4.2.1 投饵

前期投喂轮虫，每日投喂轮虫 2 次，投喂量为 5 个/mL～10 个/mL，第 15 d 开始投喂卤虫无节幼体；每日投喂卤虫无节幼体 1 次～2 次，投喂量为 0.5 个/mL～2 个/mL。轮虫以野生为佳，人工培养的轮虫(缺乏高度不饱和脂肪酸)须经过 12h 营养强化才能投喂。

6.4.2.2 换水

水温保持 20℃～25℃，前期换水每日一次，后期每日两次，换水量从 10%逐渐增加至 50%。

6.4.2.3 吸污

孵化后第 15 d～16 d，吸污 1 次～2 次。

7 稚鱼培育

孵化后第 19 d～59 d，右眼移至左侧，冠状幼鳍逐渐消失。

7.1 饵料

饵料系列为轮虫、卤虫无节幼体、桡足类或微颗粒配合饲料。配合饲料符合 NY 5072 的规定。

7.2 培育条件

7.2.1 光照强度

500 lx～1 000 lx。

7.2.2 水温

18℃～25℃。

7.2.3 盐度

18～32。

7.2.4 pH

7.6～8.6。

7.2.5 溶解氧

5 mg/L 以上。

7.3 换水

日换水率从 50% 逐渐增加至 200%。

7.4 清池底吸污

投喂配合饲料之前每 3 d～5 d 清池底吸污一次,投喂配合饲料后每日清底一次。清污原则为既要干净,又不要伤及鱼苗。

7.5 放养密度

2 000 尾/m²～5 000 尾/m²。

8 幼鱼培育

60 日龄至全长 5 cm～10 cm 阶段的培育为幼鱼培育。

8.1 饵料

前期以卤虫无节幼体为主并配有适量的桡足类和配合饲料,逐渐驯化为以卤虫成体和冷冻桡足类为主并加适量的配合饲料,最终全部转化为配合饲料,配合饲料要符合 NY 5072 规定。

8.2 培育条件

8.2.1 光照强度

500 lx～1 000 lx。

8.2.2 温度

16℃～26℃。

8.2.3 盐度

18～32。

8.2.4 pH

7.6～8.6。

8.2.5 溶解氧

5 mg/L 以上。

8.3 流水

水深 50 cm,日流水量为培育水体的 3 倍～4 倍。

8.4 清污

每日一次,保持池底干净。

8.5 放养密度

前期 2 000 尾/m²,随着鱼苗的生长逐渐降低密度,至全长 10 cm 时为 200 尾/m²。

8.6 分池

每 30 d 一次,主要是疏散放养密度,去除畸形、白化苗种。

8.7 苗种的质量与规格

8.7.1 苗种质量

健康的苗种要求色泽亮泽,反应敏捷,无白化或黑化,无伤残,无畸形,无疾病,摄食良好。全长合格率及伤残畸形率应符合表 1 的要求。

表 1 苗种全长合格率、伤残率要求

项目	要求,%
全长合格率	≥95
伤残、畸形率	≤5

8.7.2 苗种规格

应符合表2的要求

表2 苗种的规格要求

苗种规格	全长,cm
小规格	5.0～8.0
大规格	≥8.0

8.8 苗种运输

8.8.1 运输方式有活鱼船、活鱼车运输以及塑料袋充氧运输。

8.8.2 苗种运输前应停食 1 d～2 d。

8.8.3 苗种运输水温为 10℃左右。

8.8.4 苗种运输密度:20 L 的充氧袋装大规格苗 30 尾左右,装小规格苗 50 尾左右。

9 病害防治

9.1 严格消毒,坚持以防为主,防治结合。

9.2 严格控制抗生素的使用,提倡使用微生态制剂和免疫制剂防病。

9.3 疾病治疗过程中,做到对症下药,药物使用应符合 NY 5071 的规定。

ICS 65.150
B 51

DB37

山 东 省 地 方 标 准

DB37/T 439—2010

无公害食品　大菱鲆养殖技术规范

2010-02-24 发布
2010-03-01 实施

山东省质量技术监督局 发布

前　言

本标准是对 DB37/T 439—2004《无公害食品　大菱鲆养殖技术规范》的修订。

本标准由山东省海洋与渔业厅提出。

本标准由山东省渔业标准化技术委员会归口。

本标准修订单位：山东省海水养殖研究所。

本标准修订主要起草人：王志刚、孙福新、吴志宏、胡凡光、聂爱宏。

无公害食品　大菱鲆养殖技术规范

1　范围

本标准规定了大菱鲆(*ScophthaLmus maximus* Linnaeus)无公害养殖的环境条件、人工繁殖、苗种培育、养成技术和病害防治技术。

本标准适用于大菱鲆的无公害养殖。

2　规范性引用文件

下列文件中的条款通过本标准的引用而成为本标准的条款。凡是注日期的引用文件,其随后所有的修改单(不包括勘误的内容)或修订版均不适用于本标准,然而,鼓励根据本标准达成协议的各方研究是否可使用这些文件的最新版本。凡是不注日期的引用文件,其最新版本适用于本标准。

GB 11607　渔业水质标准

GB/T 18406　农产品安全质量　无公害水产品安全要求

GB/T 18407　农产品安全质量　无公害水产品产地环境要求

NY 5052　无公害食品　海水养殖用水水质

NY 5071　无公害食品　渔用药物使用准则

NY 5072　无公害食品　渔用配合饲料安全限量

NY/T 5153　无公害食品　大菱鲆养殖技术规范

3　环境条件

3.1　场址选择

养殖场应选择靠近海岸,有丰富的地下海水资源,地下水质良好,远离污染源,受台风等自然灾害的影响小,交通运输方便,电力充足,有淡水水源的地方。符合 GB/T 18407 的要求。

3.2　环境条件

适宜养成的水源条件为:水温10℃~20℃,盐度15~32,pH7.6~8.6,溶解氧在 5 mg/L 以上,氨态氮小于 0.2 mg/L,细菌总数小于 5 个/mL,油小于 0.05 mg/L。水源水质应符合 GB 11607 的要求。养殖用水水质应符合 NY 5052 的要求。

4　人工繁殖

4.1　设施

苗种繁育场应具备控温、充气、控光、进排水和水处理设施。

4.2　亲鱼选择

4.2.1　来源

4.2.1.1　从原产地进口合格亲鱼。

4.2.2.2　持有国家发放的大菱鲆生产许可证的良种场,通过人工专门培育获得的亲鱼。严禁近亲繁殖的后代鱼作亲鱼。

4.2.2　选择

亲鱼外形特征符合鱼类分类学的表述,体形完整,色泽正常,体质健壮、活力强、摄食良好,无病、无伤、无畸形、无"白化""黑化"现象,鱼龄在 2 龄以上。

4.2.3 规格与配比

雌鱼 2 龄、2 kg 以上,雄鱼 2 龄、1.5kg 以上;雌、雄亲鱼配比以(1∶1)～(1∶2)为宜。

4.2.4 使用年限

允许使用 3 年～5 年。

4.3 亲鱼培育

4.3.1 培育池要求

面积 20 m²～50 m²,水深 1.2 m,为圆形或八角形。

4.3.2 放养密度

应小于 4 kg/m²。

4.3.3 培育条件

应使用砂滤海水,保持池内清洁,及时清除残饵和污物。

4.3.3.1 光照强度

500 lx～800 lx,光线应均匀、柔和。

4.3.3.2 水温

10℃～15℃。

4.3.3.3 盐度

28～32。

4.3.3.4 pH

7.6～8.6。

4.3.3.5 溶解氧

6mg/L 以上。

4.3.3.6 水流量

流水培育,每天流水量为培育水体的 400％～600％。

4.3.4 饲料投喂

饲料有软颗粒饲料和饲料鱼。软颗粒饲料主要成分为粉状配合饲料、饲料鱼等。饲料鱼应使用新鲜、冷冻、不变质的鱼。

配合饲料应符合 NY 5072 的要求,饲料应大小适口,每天投饲量为鱼体重的 1％～2％。饲料鱼每天投饲量为鱼体重的 1.5％～3.0％。每天投喂 1 次～2 次。

4.4 受精与孵化

4.4.1 预产期

根据亲鱼培育的水温、光照、营养、流量等条件和亲鱼性腺发育状况确定。

4.4.2 受精

通过人工方法挤出成熟卵子、精液,采用干法或湿法进行人工授精。

4.4.3 洗卵

将受精卵用 15 mg/kg 的碘液浸洗 3 min～5 min,用清洁海水冲洗,然后将消毒清洗后的受精卵放入清洁的海水中,静置 10 min 以上,挑选上浮卵用于孵化。

4.4.4 孵化方式与密度

孵化池设置网箱孵化,密度不高于 50×10⁴ 粒/m³;孵化池孵化,密度为 1×10⁴ 粒/m³～2×10⁴粒/m³;孵化器孵化,密度不高于 100×10⁴ 粒/m³。

4.4.5 孵化条件

光照强度 200 lx～2 000 lx,温度 12℃～16℃,盐度 28～35,pH7.8～8.6,溶解氧大于 6 mg/L,微充

气,使受精卵均匀分布于水中。

4.4.6 受精卵的管理

孵化使用过滤海水。应及时将沉底的坏卵清除,以防败坏水质。微流水、微充气,正常孵化水温为 12℃～16℃,保持水温稳定。

4.4.7 受精卵质量的鉴别

受精卵内油球轮廓清晰,卵膜举起明显,在海水中上浮率高,受精率高是好卵;反之是低劣卵。

4.4.8 受精卵的运输

一般采用塑料袋充氧装运。容积为 20 L 的塑料充氧袋,加海水 8 L～10 L,放卵 20 万粒～50 万粒,并充入氧气。运输温度 14℃～15℃,途中温差不宜超过 1℃,为了防止袋内水温上升,可在周围放些冰块或其他降温材料,也可使用冷藏车运输。

5 苗种培育

5.1 培育设施与条件

5.1.1 育苗场设施

应包括苗种培育室、生物饵料培养室、充气、控温、控光、水处理以及进排水设施等。

5.1.2 培育条件

5.1.2.1 光照强度

500 lx～2 000 lx,光线应均匀、柔和。

5.1.2.2 水温

14℃～18℃。

5.1.2.3 盐度

28～32。

5.1.2.4 pH

7.8～8.6。

5.1.2.5 溶解氧

6 mg/L 以上。

5.2 培育密度

初孵仔鱼 $1×10^4$ 尾/m²～$2×10^4$ 尾/m²;变态伏底稚鱼 1 000 尾/m²～2 000 尾/m²。

5.3 饲料投喂

苗种饵料主要有小球藻、轮虫、卤虫等生物饵料和微颗粒配合饲料。

仔鱼孵化后第 3d～4d 开始投喂轮虫,使轮虫在水中维持 5 个/mL～10 个/mL,轮虫投喂一直持续到孵化后 25 d～28 d,同时添加小球藻,小球藻应新鲜无污染。15 d～17 d 开始投喂卤虫无节幼体,投喂密度 0.2 个/mL～1 个/mL,应保持下次投饵时残留 0.1 个/mL～0.2 个/mL,卤虫无节幼体的投喂可持续到孵化后 45 d。从 25 d 开始投喂配合饲料,配合饲料的安全卫生指标应符合 NY 5072 的要求,每天投饵量为鱼体重的 5%～15%,饲料颗粒应大小适口,投喂应及时,宜少投勤投。

5.4 苗种质量和规格

5.4.1 苗种质量

要求色泽正常,健康无损伤、无病、无畸形、无白化,活动能力强,摄食良好。全长合格率、伤残率应符合表 1 的要求。

表 1　苗种全长合格率、伤残率要求

单位为百分率

项　目	要　求
全长合格率	≥95
伤残率	≤5

5.4.2　苗种规格

应符合表 2 的要求。

表 2　大菱鲆苗种的规格要求

苗种规格	全长,cm
小苗种	5.0～8.0
大苗种	≥8.0

5.4.3　苗种出池

通常采取排水手捞网计数出池,操作中应避免苗种损伤。苗种出池应进行质量和规格检测。

5.5　苗种运输

5.5.1　运输方式有箱式、桶式容器充气运输、活水船运输、塑料袋充氧运输,可根据具体情况选用。

5.5.2　运输用水水温、盐度应根据养成水环境要求提前进行调节,温差不大于 2℃,盐度差不大于 5。

5.5.3　苗种运输前应停食 1 d 以上。

6　养成

6.1　养成方式

工厂化室内养成。

6.2　养成设施

应包括养成池、饲料加工室、分析化验室和充气、控温、控光、进排水及水处理设施等。

6.3　养成条件

6.3.1　光照强度

500 lx～2 000 lx,光线应均匀、柔和;

6.3.2　水温

10℃～20℃。

6.3.3　盐度

15～32。

6.3.4　pH

7.6～8.6。

6.3.5　溶解氧

5 mg/L 以上。

6.4　鱼种放养

6.4.1　入池条件

苗种入池水温和运输水温温差应在 2℃以内,盐度差应在 5 以内。

6.4.2　放养密度

放养密度见表3。

表 3　养成阶段大菱鲆的放养密度

平均全长,cm	平均体重,g	放养密度,尾/m²
5	3	200～300
10	10	100～150
20	85	50～60
25	140	40～50
30	320	20～25
35	460	15～20
40	800	10～15

6.5　饲养管理

6.5.1　用水管理

水深控制在 60 cm～80 cm,流水量为养成水体的 500％～600％,并根据养成密度及供水情况等进行调整。水体应清洁无污染,及时清除池中污物。

6.5.2　饲料

6.5.2.1　种类

饲料包括软颗粒饲料、饲料鱼。

软颗粒饲料由粉状配合饲料与饲料鱼混合制成;饲料鱼不宜长时间投喂单一品种。

6.5.2.2　安全要求

配合饲料的安全卫生指标应符合 NY 5072 的规定;饲料鱼应新鲜、无病害、无污染。

6.5.2.3　投喂管理

配合饲料每天投喂量为鱼体重的 1.5％～3％。具体的投喂量根据鱼摄食情况来确定,无残饵。

体重 200 g 以内,每天投喂 3 次～4 次;体重 200 g～300 g,每天投喂 2 次～3 次;体重 300 g～400 g,每天投喂 2 次;在水温低于 12℃或高于 22℃及鱼摄食不良时,应适当减少投饵次数及投喂量。

7　病害防治

7.1　观察检测

肉眼定时观察各期鱼的摄食、游动和生长发育情况,及时发现病鱼及死鱼,捞出病鱼、死鱼进行解剖及显微镜观察,分析原因。

7.2　疾病预防

做好养殖池、工具及饲料的消毒,保证不投喂发霉变质饲料,对病鱼、死鱼做深埋处理。

7.3　防治原则

7.3.1　严格检疫,防止病毒、致病菌、寄生虫的传播。

7.3.2　加强从外场引入苗种的消毒。

7.3.3　保证优良的养成环境,采取调温、水质处理、增加流水量等综合措施。

7.3.4　疾病治疗中,做到对症用药,严格控制抗生素的使用;在产品出售前 15 d 以上,停止使用抗生素及可能残留在鱼体内的其他药物,严格遵守休药期的有关规定。

7.4　药物使用

药物使用应符合 NY 5071 的要求;提倡使用微生态制剂和免疫制剂防病。

8　养成收获

通常采取排水平板捞网出池,操作中应避免食用鱼损伤。出池应进行质量和数量检测。

9　产品质量

符合 GB/T 18406 的要求。

ICS 65.150
B 51

中华人民共和国水产行业标准

SC/T 2089—2018

大黄鱼繁育技术规范

Technical specification of artificial breeding for large yellow croaker

2018-12-19 发布

2019-06-01 实施

中华人民共和国农业农村部 发布

前　言

本标准按照 GB/T 1.1—2009 给出的规则起草。

请注意本文件的某些内容可能涉及专利。本文件的发布机构不承担识别这些专利的责任。

本标准由农业农村部渔业渔政管理局提出。

本标准由全国水产标准化技术委员会海水养殖分技术委员会(SAC/TC 156/SC 2)归口。

本标准起草单位:宁德市富发水产有限公司、宁德市水产技术推广站、宁德市渔业协会。

本标准主要起草人:刘招坤、刘家富、韩承义、叶启旺、陈庆凯、王承健、韩坤煌、张艺、张建文、柯巧珍、林丽梅、翁华松。

大黄鱼繁育技术规范

1 范围

本标准规定了大黄鱼[*Larimichthys crocea*(Richardson)1846]繁育的环境与设施、人工繁殖、仔稚鱼培育、鱼苗出池、鱼苗中间培育和病害防控的技术要求。

本标准适用于大黄鱼春季人工繁育,以及海上网箱鱼苗中间培育。

2 规范性引用文件

下列文件对于本文件的应用是必不可少的。凡是注日期的引用文件,仅注日期的版本适用于本文件。凡是不注日期的引用文件,其最新版本(包括所有的修改单)适用于本文件。

GB/T 32755 大黄鱼

NY 5071 无公害食品 渔用药物使用准则

NY 5072 无公害食品 渔用配合饲料安全限量

NY 5362 无公害食品 海水养殖产地环境条件

3 环境与设施

3.1 环境条件

场址交通、通讯便利、电力和淡水供应充足,产地环境和水源条件应符合 NY 5362 的规定。

3.2 设施设备

3.2.1 育苗室

具保温、通风、调光性能,朝向宜坐北朝南。设置亲鱼培育池、产卵池、孵化池、育苗池等,池子可统筹兼用。池子长方形、圆角,长宽比(2~3)∶1;面积 30 m²~100 m²,水深 1.5 m~3.0 m;池壁光滑,池底向排水口倾斜。

3.2.2 饵料培养设施

包括用于单胞藻与轮虫的培养,卤虫卵孵化及其无节幼体的营养强化,以及桡足类的暂养等水泥池或活动水槽。总水体占育苗室水体的 60%,其中动物性饵料与植物性饵料的培养池水体比例为 1∶2,且相互隔离。

3.2.3 配套设施

3.2.3.1 供电系统应配置备用发电设施。

3.2.3.2 供水系统宜分两个单元设置,日供水能力不低于育苗与饵料培养的水体之和。

3.2.3.3 供气系统每分钟供气量为育苗水体的 1%~2%。

3.2.3.4 供热系统按每 1 000 m³ 育苗水体约 1 t/h 的蒸汽量配置。

3.2.3.5 配置水质分析和生物检测实验室。

4 人工繁殖

4.1 亲鱼培育

4.1.1 亲鱼

4.1.1.1 来源

从大黄鱼原种场、良种场或人工养殖群体中筛选。

4.1.1.2 质量要求

种质应符合 GB/T 32755 的规定。2 龄鱼,雌鱼体重 800 g 以上,雄鱼 500 g 以上;3 龄鱼,雌鱼体重 1 000 g 以上,雄鱼 600 g 以上。体形匀称,体质健壮,鳞片完整,无病无伤,无明显应激反应症状。

4.1.1.3 性比

雌雄鱼比例 2∶1。

4.1.1.4 数量

每生产 10^6 尾全长 25 mm～35 mm 的鱼苗,约需 1 000 g/尾左右的雌鱼 30 尾。

4.1.2 运输

选择晴好天气时运输。运输前应停止投喂。运输时间 2 h～3 h 的停喂 1 d～2 d,超过 5 h 的停喂 3 d。活水船运输,密度 120 kg/m³ 以下,时间可达 48 h 以上;活水车或水桶、帆布箱充氧运输,密度 30 kg/m³ 以下,时间不超过 10 h。

4.1.3 室内强化培育

4.1.3.1 环境条件

用水经 24 h 以上暗沉淀及砂滤处理后,用 250 目以上网袋过滤。适宜水温 21℃～22℃,盐度 23～30,光照度 500 lx～1 000 lx。每 1.5 m²～2.0 m² 池底布设散气石 1 个,连续充气,溶解氧≥5 mg/L。保持环境安静。

亲鱼运输到育苗室后,按 2℃/d～3℃/d 的幅度升至适宜水温。

4.1.3.2 放养密度

3.0 kg/m³～5.0 kg/m³。

4.1.3.3 饲料投喂

饲料种类为杂鱼、沙蚕等鲜活饵料或大黄鱼亲鱼专用人工配合颗粒饲料。鲜饲料切成适口块状,洗净、沥干后投喂,活饵料用淡水浸泡 5 min 后投喂;人工配合饲料应符合 NY 5072 的规定。

每日早晨与傍晚各投饵 1 次。鲜活饵料日投饵率 5% 左右或人工配合饲料日投饵率 1.5% 左右。

4.1.3.4 吸污与换水

每天傍晚投饵 2 h 后吸污,换水 50% 左右,并冲水刺激。换水温度差≤2℃,盐度差≤2。

4.2 人工催产

4.2.1 环境条件

适宜水温 23℃～24℃,其他条件符合 4.1.3.1 给出的要求。

4.2.2 成熟亲鱼选择

雌鱼上下腹部均较膨大,卵巢轮廓明显,腹部朝上时,中线凹陷,用手触摸有柔软与弹性感,吸出的卵粒易分离、大小均匀。雄鱼轻压腹部有乳白色浓稠的精液流出,精液在水中呈线状且能很快散开。

4.2.3 亲鱼麻醉

采用 30 mL/m³～40 mL/m³ 的丁香酚溶液麻醉,直至亲鱼侧卧水底。

4.2.4 催产注射

催产剂可用 LRH-A₃(鱼用促黄体素释放激素类似物 3 号)激素。注射剂量雌鱼为 0.5 μg/kg～5.0 μg/kg,雄鱼为雌鱼的 1/2。采用胸腔注射法,可 1 次注射或 2 次注射。

4.3 产卵和孵化

4.3.1 环境条件

按 4.2.1 给出的要求执行。

4.3.2 产卵

催产后亲鱼放入产卵池,经吸污、换水后待产。待产期间避免惊扰。在临近产卵时适量冲水。

4.3.3 受精卵收集

产卵结束 5 h 内收集受精卵。停气 5 min～10 min 后用捞网捞取。捞网结构参见附录 A。

4.3.4 受精卵筛选

在底部呈漏斗状、0.5 m³～3.0 m³ 的水槽中加入海水，保持充气状态。将收集的卵置于水槽中，停气静置 5 min～10 min 后，用 80 目捞网捞取表层卵，用 20 目滤网滤除杂物，经冲洗后孵化或外运。沉于底部的坏卵弃用。

4.3.5 受精卵孵化

密度 6.0×10⁴ ind/m³ 以下。微充气，避免环境突变与阳光直接照射。在仔鱼将孵出前，停气吸污，并换水 50％ 以上。

5 仔稚鱼培育

5.1 环境条件

适宜水温 23℃～25℃；充气量随仔稚鱼的生长逐渐由 0.2 L/min 增大至 10 L/min。其他条件符合 4.1.3.1 给出的要求。

5.2 培育密度

初孵仔鱼 3.0×10⁴ 尾/m³～5.0×10⁴ 尾/m³。

5.3 饵料投喂

饵料系列为褶皱臂尾轮虫(*Brachionus plicatilis*)、卤虫(*Artemia parthenogenetica*)无节幼体、桡足类(*Copepod*)、微颗粒配合饲料。各种饵料的投喂方法见表1。

表 1 大黄鱼仔稚鱼培育饵料投喂方法

饵料种类	投喂时间 日龄	投喂量	投喂注意事项[a]
褶皱臂尾轮虫	4～8	密度维持 10 ind/mL～15 ind/mL	投喂前需经浓度 2 000×10⁴ cell/mL 的小球藻液强化培养 6 h 以上。投饵前需对剩余量取样计数后补充投喂
卤虫无节幼体	6～10	每尾鱼苗投喂量 50 ind/d～200 ind/d	分2次投喂，每次投喂量宜控制在 2 h 内摄食完
桡足类	8～30	密度维持 0.2 ind/mL～1.0 ind/mL	按仔稚鱼的口径大小，用 60 目～20 目筛网筛选适口个体，少量多次、均匀泼洒投喂。投饵前需对剩余量取样计数后补充投喂
微颗粒配合饲料	≥15	30 日龄之前搭配桡足类，每天投喂 2 次；30 日龄后单独投喂，每天 4 次。每次投喂至鱼苗吃饱散开为止	用水喷洒变软后缓慢投喂，亦可加入鱼用多维和鱼油等。投喂时减小充气量
[a] 2 种及以上饵料交替混合使用时，应按微颗粒配合饲料-桡足类-轮虫-卤虫无节幼体的先后顺序投喂。			

5.4 日常操作管理

5.4.1 吸污

从 5 日龄开始，每天换水前吸污，并适时刮除池壁附着物。

5.4.2 换水

10 日龄前，日换水 1 次，日换水率 30％～50％；10 日龄后，日换水 1 次～2 次，其中稚鱼前期的日换水率 50％～80％，稚鱼后期的日换水率 100％ 以上。

5.4.3 添加单胞藻

10 日龄之前，每天按 5×10⁴ cell/mL～10×10⁴ cell/mL 的浓度添加小球藻。

5.4.4 其他

监测水温、盐度、酸碱度、溶氧量、氨氮、亚硝酸氮等理化因子。观察仔稚鱼的摄食情况、数量变化及发育情况。做好记录,发现异常及时处理。

6 鱼苗出池

6.1 规格

全长≥25 mm。

6.2 准备

调节鱼苗培育池和中间培育海区海水的温盐差,温度差≤2℃,盐度差≤3。温度调幅≤2℃/d,盐度调幅≤3/d。出池前12 h停饵,并彻底吸污与换水。

6.3 诱集起捕

遮暗育苗池3/4左右,使鱼苗趋光集群,可采用水桶带水或塑料软管虹吸等方法起捕搬运。

6.4 运输

根据运输方式、时间和运苗量,选择以下运输方法:

a) 活水船运输:运输时间2 h~3 h的,密度25×10⁴尾/m³;运输时间3 h~10 h的,密度25×10⁴尾/m³~10×10⁴尾/m³;运输时间10 h以上的,密度10×10⁴尾/m³以下。运输时间24 h以上的,中途可少量投喂。该方式适合大批量长途海上运输;

b) 开放式容器充气运输:运输水温20℃左右,密度10×10⁴尾/m³以下。该方式适合6 h以内的陆上运输;

c) 薄膜袋充氧运输:运输水温15℃左右;每个40 cm×70 cm薄膜袋装海水10 L;运输时间10 h以上的,每袋200尾~300尾,小于10 h的密度可酌量增加。该方式适合小批量运输。

7 鱼苗中间培育

7.1 海域选择

选择可避大风浪,水深10.0 m以上,潮流畅通,流速小于2.0 m/s,流向平直、稳定的海区。海区水质应符合NY 5362的规定,海水盐度13~32,溶解氧≥5 mg/L,水温稳定在13℃以上。

7.2 网箱设置

7.2.1 规格

网箱长(4.0 m~8.0 m)×宽4.0 m×深(4.0 m~6.0 m),网衣规格见表2。

表2　网箱网衣规格

鱼苗全长,mm	网衣网目长,mm
25~35	5
35~45	8
50~60	10

7.2.2 渔排设置

每个渔排面积2 000 m²以下。渔排两端沿退涨潮方向设置,四周固定在海底或岸边,并设置挡流网片,使网箱内流速控制在0.1 m/s左右。渔排的结构与设置参见附录B。

7.3 放养准备

7.3.1 网箱张挂

在鱼苗放养前1 d~2 d张挂,张挂前检查无破损。每口网箱中心区域设置投饵框。投饵框的结构与设置参见附录 C。网衣网目设置应符合 7.2.1 的要求。

7.3.2 灯光设置

每个网箱中间上方 1.0 m 处,吊挂 9 W～15 W 的电灯。

7.4 鱼苗放养

7.4.1 时间

选择天气晴好的小潮平潮流缓时段。

7.4.2 密度

1 500 尾/m³～2 000 尾/m³。

7.5 饲料投喂

7.5.1 饲料种类

以大黄鱼苗种专用微颗粒配合饲料为主。晚上可开灯诱集桡足类、糠虾等海区天然饵料。微颗粒配合饲料应符合 NY 5072 的规定,用水喷洒软化后投喂。

7.5.2 投饵率及投饵频率

水温 13℃～15℃时,全长 25 mm～35 mm 的鱼苗,微颗粒配合饲料日投喂 6 次～4 次,投饵率 20%～15%;全长 50 mm 的鱼苗,日投喂减少为早晨、傍晚各 1 次,投饵率 10%～8%。投饵率随鱼苗生长逐步降低。

7.6 日常管理

7.6.1 网衣更换

根据网箱网衣的堵塞情况,按 7.2.1 给出的要求适时更换网衣。在潮流较急、鱼苗活力不好时或饱食后,不宜换网操作。

7.6.2 环境监测与鱼苗观测

每天监测水温、比重、透明度与水流,观察鱼苗的集群、摄食、病害与死亡情况,并做好记录。

7.6.3 网箱安全检查

检查网箱倾斜度、网衣破损、网绳牢固、沉子移位等情况,及时捞除网箱内外漂浮物。

8 病害防控

8.1 防控措施

主要防控措施包括:

a) 保持良好的水质环境和潮流畅通;

b) 保持合理的培育密度;

c) 保证饲料新鲜和营养,科学投喂;

d) 操作规范,避免鱼体受伤;

e) 在病害流行季节,采取对应病害的预防措施;

f) 对病苗、死苗进行无害化处理。

8.2 病害治疗

渔药使用应符合 NY 5071 的规定。大黄鱼繁育阶段常见病害及防治方法参见附录 D。

附　录　A
（资料性附录）
大黄鱼受精卵捞网结构

大黄鱼受精卵捞网的结构示意见图 A.1。

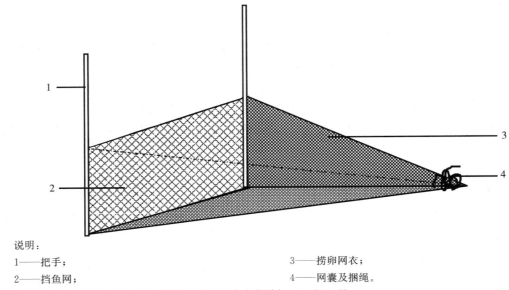

说明：

1——把手；　　　　　　　　　　　　　　　3——捞卵网衣；

2——挡鱼网；　　　　　　　　　　　　　　4——网囊及捆绳。

网衣材料使用筛绢网制作，挡鱼网和捞卵网衣的网目大小分别为 5 cm 和 80 目。

捞卵网口宽度等于育苗池宽度，高度 50 cm～80 cm，网身为育苗池长度的 1/2。

捞取受精卵时，将网囊尾部捆紧；受精卵收集到一定量时，解开网囊捆绳倒出。

图 A.1　大黄鱼受精卵捞网结构示意图

附 录 B
（资料性附录）
渔排的结构与设置

渔排的结构与设置见图 B.1。

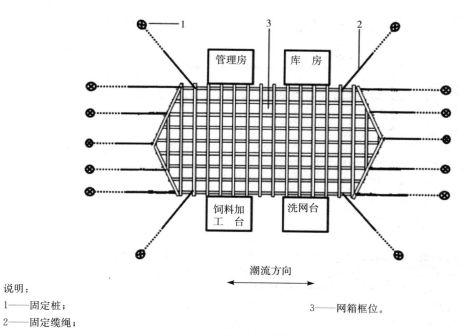

说明：

1——固定桩；

2——固定缆绳；

3——网箱框位。

图 B.1　渔排结构与设置示意图

附 录 C
（资料性附录）
网箱投饵框结构与设置

网箱投饵框的结构与设置见图 C.1。

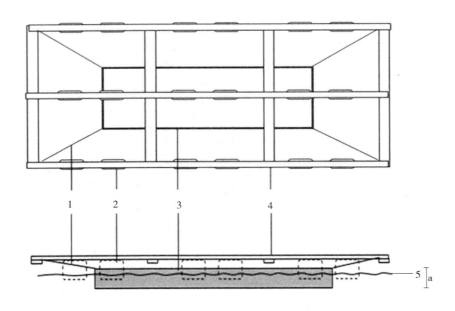

说明：

1——拉绳；   4——网箱框架；

2——浮球；   5——水面。

3——投饵框；

投饵框用 60 目尼龙筛网缝制成无上、下底的围框,占网箱面积 20％～25％。

ª 网高 50 cm,其中露出水面 20 cm,入水深度 30 cm。

图 C.1 网箱投饵框结构与设置示意图

附 录 D

（资料性附录）

大黄鱼繁育阶段常见病害及治疗方法

大黄鱼繁育阶段常见病害及治疗方法见表 D.1。

表 D.1 大黄鱼繁育阶段常见病害及治疗方法

病害名称	主要症状	流行阶段与季节	治疗方法
肠炎病	病鱼腹部膨胀，体腔积水，轻按腹部，肛门有淡黄色黏液流出；肠壁发红变薄；部分病鱼皮肤或鳍基部出血	鱼苗中间培育期，5月～11月	停饵 1 d～2 d,然后每千克饲料加大蒜素 1.0 g～2.0 g,拌饵投喂 3 d～5 d
弧菌病	感染初期，病鱼体色呈斑块状褪色，食欲不振，缓慢浮于水面，时有回旋状游泳。随着病情发展，鳞片脱落，吻端、鳍膜溃烂，眼内出血，肛门红肿扩张，常有黄色黏液流出	鱼苗中间培育期，常年	五倍子（磨碎后用开水浸泡）2 mg/L～4 mg/L,连续泼洒 3 d；每千克饲料三黄粉 30 g～50 g,拌饵投喂 3 d～5 d；吊挂三氯异氰尿酸缓释剂
布娄克虫病	病原寄生于鱼的体表和鳃部，寄生处出现大小不一的白斑（白点）。病鱼游泳无力，独自浮游于水面，鳃部严重贫血呈灰白色，并黏附污物，呼吸困难，死亡后胸鳍向前方伸直，鳃盖张开	鱼苗中间培育期，4月～8月	吊挂三氯异氰尿酸缓释剂和硫酸铜与硫酸亚铁合剂缓释剂；淡水浸浴 3 min～5 min（注意增氧），隔天重复 1次
淀粉卵涡鞭虫病	病原寄生于鱼的鳃、体表和鳍，病情严重时寄生处肉眼可见许多小白点。病鱼游泳缓慢，浮于水面，鳃盖开闭不规则，口常不能闭合	室内亲鱼及仔稚鱼培育期，3月～6月	定期倒池、充分换水、适量流水。淡水浸浴 3 min～5 min,隔天 1次；泼洒硫酸铜 1.0 mg/L,连续 3 d
刺激隐核虫病	在病鱼体表、鳃、眼角膜和口腔等部位，肉眼可观察到许多小白点，严重时体表皮肤有点状充血，鳃和体表黏液增多，形成一层白色混浊状薄膜；食欲不振或不摄食，身体瘦弱，游泳无力，呼吸困难	室内亲鱼、鱼苗培育期，1月～4月；鱼苗中间培育期，5月～7月	对室内亲鱼、鱼苗，用淡水浸浴 3 min～15 min,隔天 1次；网箱夜间连续数天吊挂三氯异氰尿酸缓释剂和硫酸铜与硫酸亚铁合剂缓释剂

ICS 65.150
B 51

中华人民共和国水产行业标准

SC/T 2021—2006

牙鲆养殖技术规范

Specification for flonder culture

2006-01-26 发布

2006-04-01 实施

中华人民共和国农业部 发布

前　言

本标准由中华人民共和国农业部渔业局提出。

本标准由全国水产标准化技术委员会海水养殖分技术委员会归口。

本标准起草单位:中国水产科学研究院黄海水产研究所、山东省渔业技术推广站。

本标准主要起草人:于东祥、陈四清、张岩、李鲁晶、王春生、雷霁霖。

牙鲆养殖技术规范

1 范围

本标准规定了牙鲆(*Paralichthys olivaceus* Temminck et Schlegel)养殖的环境条件、人工繁殖、苗种培育、养成技术和病害防治技术。

本标准适用于牙鲆的养殖。

2 规范性引用文件

下列文件中的条款通过本标准的引用而成为本标准的条款。凡是注日期的引用文件,其随后所有的修改单(不包括勘误的内容)或修订版均不适用于本标准,然而,鼓励根据本标准达成协议的各方研究是否可使用这些文件的最新版本。凡是不注日期的引用文件,其最新版本适用于本标准。

GB 11607 渔业水质标准

NY 5052 无公害食品 海水养殖用水水质

NY 5071 无公害食品 渔用药物使用准则

NY 5072 无公害食品 渔用配合饲料安全限量

SC/T 2006 牙鲆配合饲料

3 牙鲆的人工繁殖

3.1 亲鱼

3.1.1 亲鱼来源

亲鱼来源有两种,一是天然野生亲鱼,二是由人工培育的亲鱼。

3.1.2 亲鱼质量要求

3.1.2.1 亲鱼应符合牙鲆种质标准的规定。

3.1.2.2 雌性个体全长 40 cm 以上、体重在 1.5 kg 以上,4 龄～7 龄。

3.1.2.3 雄性个体全长 35 cm 以上、体重 1.2 kg 以上,3 龄～6 龄。

3.1.2.4 健壮,活力好,无疾病,无损伤。

3.1.3 亲鱼运输

可用水槽或帆布桶装车运输,每立方水体放亲鱼 3 尾～6 尾,配置充氧和遮光设施。行车时避免剧烈颠簸,避免运输过程中损伤,运输前停食 1 d～2 d,运输途中不投饲,运输水温差在 3℃ 以内。

3.1.4 亲鱼培育

3.1.4.1 受伤的亲鱼,入池时应在受伤部位涂抹聚维酮碘溶液或紫药水。

3.1.4.2 亲鱼入池时如发现已完全成熟个体,严禁提起尾部,并立即进行采卵受精。亲鱼入池后向池水中泼洒土霉素 1 mg/L～2 mg/L。

3.1.4.3 亲鱼培育密度 1 尾/m²～2 尾/m²。

3.1.4.4 每日流水量为池水量的 3 倍～6 倍,及时吸出残饲和污物,保持水质清新。

3.1.4.5 持续微充气。

3.1.4.6 培育池光照控制在 2 000 lx 以下,避免阳光直射。

3.1.4.7 天然野生亲鱼应采取诱食措施,使亲鱼能尽快摄食。

3.1.4.8 亲鱼饲料有配合饲料、鲜活或冷冻杂鱼。日投喂量为鱼体重的 3‰～7‰,每天投喂 1 次～2 次。不可长时间投喂单一饲料,不同种饲料宜交替投喂。

3.1.4.9 亲鱼越冬水温不得低于 5℃,宜控制在 8℃～14℃;夏季高温期应保持水温在 25℃以下。

3.2 采卵与受精

3.2.1 成熟亲鱼辨别

性腺成熟的亲鱼,腹部膨大柔软,生殖孔圆而呈红色;轻压腹部流出卵子的为雌性,流出白色精液的为雄性。

3.2.2 产卵

3.2.2.1 产卵和收卵方法

培育成熟的亲鱼均能自然产卵受精,鱼卵以流水溢出法或拖卵法收集。

3.2.2.2 产卵条件

水温控制在 12℃～22℃,最适水温 14℃～15℃;盐度 26～33,防止受精卵下沉,光照 2 000 lx 以下。产卵期间,要保持安静,避免亲鱼受干扰。

3.3 孵化

3.3.1 孵化设备和方式

鱼卵孵化可用玻璃钢水槽内置网箱、大型水泥池中安放网箱或直接在育苗池内孵化;一般采用微流水、微充气孵化,也可采用微充气定时换水孵化。

3.3.2 受精卵孵化密度

用水槽和网箱孵化,密度为 $30×10^4$ 粒/m^3～$60×10^4$ 粒/m^3。直接在育苗池内孵化,密度为 $1×10^4$ 粒/m^3～$10×10^4$ 粒/m^3。

3.3.3 孵化条件

孵化水温 14℃～17℃;盐度 26～32;pH 7.7～8.6;溶氧量大于 6 mg/L;孵化水面上方遮光,防止阳光直射;微充气。若孵化用水中有毒重金属离子含量较高,可施用乙二胺四乙酸钠盐 2 mg/L～5 mg/L。

4 苗种培育

4.1 培育密度

培育密度参见表 1。

表 1 牙鲆苗种培育密度

全 长 cm	密 度 10^4 尾/m^3	说 明
初孵仔鱼	1.5～3	布池密度
0.7～0.9	1～1.5	第 1 次分池
1.3～1.5	0.5～0.7	第 2 次分池
2.0～3.0	0.3～0.4	第 1 次过筛
4.0～5.0	0.08～0.1	第 2 次过筛

具体的放养密度要根据水质、换水能力、使用饵(饲)料种类等情况确定。

4.2 培育条件

4.2.1 培育用水为经二级砂滤的海水。

4.2.2 水温控制在 16℃～19℃。

4.2.3 溶氧量大于 5 mg/L,适量充气;盐度 16～32;pH 7.8～8.4;光照强度 500 lx～2 000 lx,配置调

光设施,根据不同发育阶段的要求进行调整。

4.3 吸污清底

在 5 日龄～7 日龄以后,每天吸污清底。大型水池从 10 日龄以后,每隔 2 d～3 d 吸污清底 1 次。

4.4 添加小球藻

从 1 日龄到 30 日龄投喂轮虫期间,每天向培育池中添加小球藻,使其细胞浓度维持在 30×10^4 个/mL～50×10^4 个/mL。

4.5 饲料及投喂

4.5.1 饲料种类

为轮虫、卤虫无节幼体、配合饲料。

4.5.2 投喂方法

在孵化后第 3 d～4 d 开始投喂轮虫,日投喂 2 次,每天上午、下午各 1 次,使轮虫密度在水体中维持在 10 个/mL～15 个/mL。

从 10 日龄开始,卤虫无节幼体每天投喂 1 次～3 次,使卤虫无节幼体密度在水体中维持 0.5 个/mL～2 个/mL,要求在下次投喂时水体中的卤虫无节幼体很少或没有;卤虫无节幼体的投喂,可持续到孵化后 47 d。

从 17 日龄开始,投喂配合饲料。配合饲料的适宜粒径 17 日龄到 30 日龄为 250 μm;从 23 日龄到 36 日龄为 300 μm;从 28 日龄到 46 日龄,粒径为 400 μm;从 35 日龄到 60 日龄为 700 μm。

4.5.3 投喂次数和投喂量

投喂配合饲料每天投喂次数为 7 次～10 次。

投喂量应根据摄食情况调整。在投喂时检查,上次投喂的饲料应很少剩余或没有剩余。

4.5.4 投喂注意事项

轮虫、卤虫无节幼体投喂前应进行营养强化,提高必需脂肪酸等营养物质的含量;在既投轮虫、又投卤虫无节幼体时,要在投喂轮虫至少半小时后方可投喂卤虫无节幼体;开始投喂配合饲料时,要逐渐驯化其摄食习性,每次少量投喂,每天投 7 次～10 次,且与活饵料相间投喂。

4.6 流水和充气

可持续流水或间断地流水,日流水量随鱼苗的生长,从 5 日龄的 0.15 倍逐步提高到 3 倍～6 倍水体,在稚鱼着底期应达到 1.2 倍～1.8 倍;一般持续微充气。

4.7 防止残食

4.7.1 适时过筛或人工分检,按规格大小分别培育。

4.7.2 培育密度不宜过大和投喂量要充足。

4.8 防治体色异常

严格遵守操作规范,优化水质,保持营养平衡,提供充足的不饱和脂肪酸、维生素等营养物质。

5 鱼种

5.1 规格

鱼种规格应符合表 2 的要求。

表 2　鱼种规格要求

鱼种规格	全　长 cm
小规格鱼种	4.0～8.0
大规格鱼种	＞8.0

5.2 质量

要求色泽正常、无黑化、无白化、无畸形、活动能力强,摄食良好。全长合格率、伤残率应符合表3的要求。

表3 鱼种全长合格率、伤残率要求

单位为百分率

项　　目	要　　求
全长合格率	≥95
伤残率	≤5

5.3 鱼种出池

采取排水集苗出池,操作中应避免苗种损伤。

5.4 鱼种的运输

5.4.1 运输方式有箱式或桶式容器充气运输、活水船运输、塑料袋充氧运输等,可根据具体情况选用。

5.4.2 长途运输水温差应小于5℃。

5.4.3 鱼种运输前应停食1 d。

6 养成

6.1 养成方式

养成方式主要有室内工厂化养成、网箱养殖和池塘养殖三种。

6.2 室内工厂化养殖

6.2.1 场址选择

养殖场应选择远离污染源,电力充足,通讯、交通便利,养殖用水方便,有淡水水源的地方。

6.2.2 养殖用水水质应符合 NY 5052 的要求。

6.2.3 养成设施

应具有养成池、饲料加工室和充气、控温、控光、进排水及水处理设施等。

6.2.4 养成条件

光照强度 500 lx～3 000 lx,光线应均匀、柔和;水温 8℃～25℃,盐度 17～33,pH 7.7～8.6,溶氧量大于 5 mg/L。

6.2.5 苗种放养

6.2.5.1 放养条件

苗种入池水温和运输水温的温差应在5℃以内,盐度差应在5以内。

6.2.5.2 放养密度

放养密度见表4,在实际操作中要根据具体条件进行调整。

表4 牙鲆养殖的放养密度

平均全长 cm	平均体重 g	放养密度 尾/m²
5	1.5	300～600
10	10.0	100～300
15	60.0	80～100
20	85.0	40～70
25	140.0	30～40
30	320.0	20～30
35	460.0	15～20
40	800.0	10～15

6.2.6 养成管理

6.2.6.1 用水管理

养成水深控制在 35 cm～80 cm,日流水量为养成水体的 4 倍～8 倍,并根据养成密度及供水情况等进行调整。养成水体应清洁无污染,及时清除养成池中的污物。

6.2.6.2 饲料投喂

6.2.6.2.1 饲料种类

养成饲料包括软颗粒饲料、饲料鱼和人工配合饲料。

软颗粒饲料由粉状配合饲料与饲料鱼混合制成;饲料鱼洗净后可以直接投喂,但不宜长时间投喂单一品种的饲料鱼。

6.2.6.2.2 投喂管理

日投喂量,配合饲料为鱼体重的 1%～2%,饲料鱼为鱼体重的 1.5%～3%。具体的投喂量根据鱼摄食情况来确定,不宜有残饵。

日投喂次数,体重 200 g 以内的 3 次～5 次;体重 200 g～300 g 的 2 次～3 次;体重 300 g～400 g 的 2 次。

在水温低于 13℃ 或高于 22℃ 及鱼摄食不良时,应适当减少投饵次数及投喂量。

6.2.6.2.3 质量和安全要求

配合饲料的质量和安全卫生指标应符合 SC/T 2006 和 NY 5072 的规定;饲料鱼应新鲜、无病害、无污染。

6.3 网箱养殖

6.3.1 养殖海区的选择

养殖海区应选择内海、内湾或在防波堤内,波浪小,不受台风影响,无污水流入,水流畅通,水交换好,底质为沙底、沙石底,水深在 3 m 以上,附着生物(藤壶等)较少,另外还要交通便利,有电力供应。

6.3.2 养殖海区水质要求

养殖海区水质符合 NY 5052 的要求。夏季水温不高于 26℃,冬季水温低于 10℃ 的海区应考虑室内越冬;盐度应相对稳定,常年应在 28～31 之间;pH 应维持在 7.7～8.6 之间;溶解氧在 5 mg/L 以上。

6.3.3 养殖设施

包括网箱、遮光帘、养殖筏等。

6.3.4 放养密度

全长 15 cm 的鱼种放养密度为 100 尾/m²,之后随着鱼的生长,要将个体差异较大的鱼拣出,另箱养殖。

6.3.5 日常管理

6.3.5.1 饲料种类和投喂

饲料主要有鲜鱼、冷冻鱼、配合饲料和活鱼饵料等。

日投喂率为 1%～3%,具体根据水温、鱼的生长、活力和摄食等情况进行调整。

应避免长期投喂单一饲料,保证饲料质量。

体长 30 mm～60 mm 时,每天投喂 4 次,上、下午各 2 次;体长 60 mm～100 mm 时,每天投喂 3 次,上午、下午、傍晚各 1 次;体长 100 mm～120 mm 时,每天投喂 2 次,上午、下午各 1 次。

投喂时必须将饲料用手撒开,先少量投喂,在证实摄食后再迅速投喂。

6.3.5.2 巡箱检查

在整个养成期间,每天必须不少于 1 次巡箱检查,主要观察鱼的活动、生长情况,每半个月到 1 个月测量 1 次鱼的生长情况,每个网箱每次随机测量 30 尾～50 尾,测量其体长和体重。另外,还要每天检查网箱的安全和防盗。

6.3.5.3 分箱和更换网衣

应根据鱼的生长情况定期进行分箱处理,同时应根据生物附着情况定时清洗网衣或更换网衣。

6.3.5.4 其他管理措施

对直射光要用遮光帘遮光;出现恶劣天气、降雨量大等情况时,要将网箱下沉,使网箱内水深在1.5 m;阻止污染水团的出现,控制陆地上异常水质的流入。

6.4 池塘养殖

6.4.1 池塘要求

池塘面积以 0.7 hm²～1.3 hm² 为宜,水深 2 m 以上,水源充足,周围海区水质符合 NY 5052 的要求,水质无污染,有较好的进排水设施,泥沙底或沙底均可。夏季最高水温 30℃时间小于 15 d,盐度为20～33,暴雨季节盐度能保持在 8 以上,交通方便。

6.4.2 放苗前的准备

放苗前应对池塘进行清淤,平整护坡,每公顷用生石灰 750 kg～1 050 kg,保持水深 10 cm～20 cm进行浸浆泼池消毒;选择春季海水中小杂鱼虾丰富时纳水,并施肥水,以培养基础饵料。

6.4.3 鱼苗放养

春季当水温上升至 15℃以上时,即可放苗,苗种规格应在 10 cm 以上,以便当年达到商品规格,放养密度为每 667 m² 水面 3 000 尾左右。

6.4.4 日常管理

6.4.4.1 投喂

饲料以新鲜杂鱼为主,辅以人工配合饲料,应定时、定量、定点投喂。

水温在 15℃～22℃时,日投喂率为 10%～20%,每天投喂 4 次～5 次;水温 25℃以上时,日投喂率为3%～5%;当水温超过 30℃应停止投喂;水温过低的早春、晚秋,日投喂率 1%～8%,日投喂 2 次～3 次。

6.4.4.2 巡塘检查

早晚巡塘检查,发现异常及时处理,巡塘检查内容包括鱼的活动、残饵情况、水色、气味、透明度、病害、池塘防逃和防盗设施等。

6.4.5 收获

秋季当水温下降到 10℃以下时,应及时收获。可在排水闸外安装网箱,放水收鱼。收获一般在大潮前或大潮时进行,应反复灌排水,一般经过 5 次～8 次,大部分鱼可收获,其余可放干水,用手抄网或拉网捕捉。

7 病害防治

7.1 疾病种类

主要有病毒性疾病、细菌性疾病和寄生虫性疾病。

7.2 加强观察检测

定时观察鱼的摄食、游动和生长发育情况,及时发现和清除病鱼及死鱼,对病鱼、死鱼要进行解剖、显微镜观察,分析原因,采取相应措施。

7.3 防治原则

应坚持以预防为主,采取控光、调温、水质优化、增加流水量、投喂优质饲料等综合措施,改善养殖条件,提高抗病能力,防治病害发生。

7.4 药物使用

药物使用应符合 NY 5071 的要求;提倡使用微生态制剂和免疫制剂防病。

ICS 65.150
B 51

中华人民共和国水产行业标准

SC/T 2075—2017

中国对虾繁育技术规范

Technological specification of breeding for Chinese shrimp

2017-06-12 发布　　　　　　　　　　2017-10-01 实施

中华人民共和国农业部 发布

前　言

本标准按照 GB/T 1.1—2009 给出的规则起草。

请注意本文件的某些内容可能涉及专利。本文件的发布机构不承担识别这些专利的责任。

本标准由农业部渔业渔政管理局提出。

本标准由全国水产标准化技术委员会海水养殖分技术委员会(SAC/TC 156/SC 2)归口。

本标准起草单位:中国水产科学研究院黄海水产研究所。

本标准主要起草人:张天时、王清印、谭杰、李素红、赵法箴。

中国对虾繁育技术规范

1 范围

本标准规定了中国对虾[*Fenneropenaeus chinensis*(Osbeck,1765)]繁育的环境条件,亲虾越冬和培育,人工繁育,虾苗出池及运输的技术要求。

本标准适用于中国对虾的人工繁育。

2 规范性引用文件

下列文件对于本文件的应用是不可少的。凡是注日期的引用文件,仅注日期的版本适用于本文件。凡是不注日期的引用文件,其最新版本(包括所有的修改单)适用于本文件。

GB 11607　渔业水质标准

GB/T 15101.1　中国对虾　亲虾

GB/T 15101.2　中国对虾　苗种

NY 5052　无公害食品　海水养殖用水水质

NY 5071　无公害食品　渔用药物使用标准

NY 5072　无公害食品　渔用配合饲料安全限量

NY 5362　无公害食品　海水养殖产地环境条件

3 环境条件

3.1 场地环境

应符合 NY 5362 的规定。

3.2 水质条件

水源水质应符合 GB 11607 的要求。养殖水体水质应符合 NY 5052 的要求。

4 亲虾越冬和培育

4.1 越冬设施

应包括越冬池、控温、调光、充气、水处理及进排水系统等设施。亲虾越冬池体积宜为 30 m³～100 m³,池深宜为 1.5 m～2.0 m。亲虾入池前应对培育池、工具等进行严格的消毒。

4.2 亲虾选择

亲虾的来源和质量应符合 GB/T 15101.1 的规定。

4.3 放养密度

充气池宜放养 10 尾/m²～15 尾/m²。

4.4 水温调控

亲虾入池初期,自然水温降至 8℃时开始控温。越冬期间水温保持在 8℃～10℃,保持水温稳定,日温差不超过 0.5℃。

4.5 饵料

越冬期投喂活沙蚕和贝类等饵料。日投喂量为亲虾体重的 3%～5%,可根据具体摄食情况进行增减,日投饵 2 次。

4.6 水质调控

越冬期水质指标要求见表1。应保持盐度的稳定,日突变差不超过3。

表1 中国对虾亲虾越冬水质条件

项 目	指 标
盐度	25～35
氨氮	≤0.5 mg/L
pH	8.0～8.6
溶解氧	≥5.0 mg/L
亚硝酸盐氮	≤0.1 mg/L

4.7 光照强度

越冬期光照强度不大于500 lx。可根据所需产卵时间适当增减光照强度和时间。

4.8 强化培育

产卵前30 d开始逐渐提升水温至14℃,产卵前15 d保持14℃～16℃。每天升温范围以不超过1℃为限。随着水温逐步升高,投饵量增加到体重的8%～10%,最高可达15%,分2次～3次投喂。

4.9 病害防治

参照附录A的规定执行。

5 人工繁育

5.1 设施

繁育池为室内水泥池,面积宜为20 m²～50 m²,池深宜为1.2 m～2.0 m。应有控温、充气和进排水设施。

5.2 产卵和孵化

亲虾产卵的适宜水温为16℃～18℃。亲虾产卵后,用虹吸或放水集卵,然后用干净海水反复冲洗受精卵5 s～10 s后置于繁育池孵化。繁育池布卵密度宜为$3×10^5$粒/m³～$5×10^5$粒/m³,水深宜1.0 m,并缓慢调节水温为18℃～20℃,日升温幅度不超过1℃。孵化期间连续充气,充气量不宜太大,水面有微波即可。每隔2 h搅卵一次,使沉卵浮起。

5.3 幼体培育

5.3.1 无节幼体期

无节幼体密度控制在$2×10^5$尾/m³～$3×10^5$尾/m³。当无节幼体发育到Ⅱ期～Ⅲ期,水温应逐步升高到20℃～22℃,向池内接种小球藻、三角褐指藻或角毛藻等单胞藻,接种量为$1×10^4$ cell/mL～$2×10^4$ cell/mL。

5.3.2 溞状幼体期

适宜水温为22℃～24℃。保持单胞藻密度为$1.5×10^5$ cell/mL左右。第Ⅱ期每天每尾幼体投喂褶皱臂尾轮虫10个～15个,第Ⅲ期每天每尾幼体投喂刚孵出的卤虫幼体3个～5个。

5.3.3 糠虾幼体期

适宜水温在25℃～26℃。保持单胞藻密度$2×10^4$ cell/mL～$3×10^4$ cell/mL。第Ⅰ期每天每尾幼体投喂卤虫幼体10个～20个,Ⅱ期～Ⅲ期每天每尾幼体投喂卤虫幼体20个～30个。

5.3.4 仔虾期

适宜水温在25℃～26℃。Ⅰ期～Ⅱ期每天每尾幼体投喂卤虫无节幼体70个～100个。Ⅲ期后投喂绞碎、洗净的小块蛤肉、鱼糜或微粒配合饵料,每天每万尾幼体投喂蛤肉和鱼糜10 g～15 g,日投喂6次～8次;每天每万尾幼体投喂微粒配合饵料3 g～5 g,日投喂4次～6次。微粒配合饵料应符合NY 5072的要求。有条件的地区也可投喂卤虫。

5.3.5 日常管理

繁育池刚布卵时,注水宜 50% 左右,以后每天水位宜提升 10 cm~15 cm,至溞状幼体第 Ⅱ 期,水深宜升至 1.4 m~1.5 m。溞状幼体第 Ⅲ 期后开始换水,日换水量宜为 20%~30%;糠虾幼体期日换水量宜 30%~50%;仔虾期日换水量不少于 50%;换水时,温差小于 1℃;培育期间持续微量充气。每天定时监测,记录光照强度、盐度、溶解氧、氨氮、亚硝酸盐氮和 pH 等,培育条件见表 2。注意观察虾苗健康情况,记录幼体密度,出现问题及时处理。疾病防治参照附录 A 执行。

表 2　中国对虾苗种工厂化培育条件

项　目	指　标	项　目	指　标
光照强度	500 lx~2 200 lx	盐度	25~35
溶解氧	≥5.0 mg/L	氨氮	≤0.6 mg/L
亚硝酸盐氮	≤0.1 mg/L	pH	8.0~8.6

6　虾苗出池及运输

虾苗出池前 2 d~3 d,使水温逐步下降至室温。通过排水用集苗槽收集虾苗,集中于容器中计数后运输。虾苗质量和运输应符合 GB/T 15101.2 的规定。

附　录　A
（资料性附录）
中国对虾亲虾和苗种常见疾病防治

A.1　亲虾常见疾病防治

A.1.1　细菌性疾病防治

A.1.1.1　投饵勿过量,多投活饵,加大换水量,保持水质清洁。

A.1.1.2　定期使用含有效碘1%的聚维酮碘1 mg/L～2 mg/L全池均匀泼洒,或使用适宜剂量的其他国标渔药。

A.1.2　寄生虫病防治

A.1.2.1　防止亲虾受伤。

A.1.2.2　发现病虾应及时进行隔离。

A.1.2.3　用高锰酸钾10 mg/L药浴,浸洗3 h。

A.2　苗种疾病防治

A.2.1　清除繁育水体内死伤虾苗,经常吸污换水。

A.2.2　卤虫卵用含有效碘1%的聚维酮碘10 mg/L～30 mg/L浸泡15 min～30 min,充分冲洗后进行孵化。

A.2.3　鱼、贝等动物性饵料应确保来源安全,不含病原、有毒、有害物质。

A.3　药物使用

渔药的使用按NY 5071的规定执行。

_____

ICS 65.150
B 52

DB46

海 南 省 地 方 标 准

DB46/T 129—2008

南美白对虾苗种繁育技术规程

2008-09-04 发布

2008-10-30 实施

海南省质量技术监督局 发布

前　言

　　本标准制定的目的在于加强南美白对虾苗种繁育技术的规范化、标准化操作，以利于提高苗种繁育技术水平，促进南美白对虾产业的发展。

　　本标准由海南省海洋与渔业厅提出并归口。

　　本标准起草单位：海南省水产研究所。

　　本标准主要起草人：刘天密、李向民、沈铭辉。

南美白对虾苗种繁育技术规范

1 范围

本标准规定了南美白对虾(*Litopenaeus vannamei* Boone)苗种繁育的环境条件、主要设施、繁育技术、病害防治和虾苗的出池及运输。

本标准适用于南美白对虾苗种繁育。

2 规范性引用文件

下列文件中的条款通过本标准的引用而成为本标准的条款,凡是注日期的引用文件,其随后所有的修改单(不包括勘误的内容)或修订版均不适用于本标准,然而,鼓励根据本标准达成协议的各方研究是否可使用这些文件的最新版本。凡是不注日期的引用文件,其最新版本适用于本标准。

GB 11607 渔业水质标准

NY 5052 无公害食品 海水养殖用水水质

NY 5071 无公害食品 渔用药物使用准则

NY 5072 无公害食品 渔用配合饲料安全限量

3 环境条件

3.1 水源水质

水源水质应符合 GB 11607 的规定,幼体培育用水水质应符合 NY 5052 的规定。生产用水应经沉淀、砂滤净化处理后使用。海水盐度 26～35,pH7.8～8.5,化学耗氧量 1 mg/L 以下,氨氮含量 0.05 mg/L 以下,溶解氧含量保持 5 mg/L 以上。

3.2 育苗场环境

育苗场应选择海流畅通,附近无污染源,海水悬浮物少,进排水方便,通信、交通便利,电力、淡水供应充足的海区。

4 主要设施

4.1 供电系统

配备 220 V 的照明用电和 380 V 的动力用电,同时配置 2 组与场内用电总功率相匹配的柴油发电机组。

4.2 供气系统

根据育苗场培育池(或育苗池)水体的大小,配置 2 台供气量与之相匹配的罗茨鼓风机,一台运行使用,一台作应急备用。

4.3 控温系统(或设施)

根据育苗场培育池(或育苗池)水体的大小,配置 2 套热水锅炉。

5 亲虾培育

5.1 亲虾的选择

5.1.1 亲虾的来源

从国外引进或国内良种场购进性成熟或未成熟的后备亲虾;雌、雄亲虾应来源于不同的群体,避免近亲繁殖。

5.1.2 亲虾的质量

养殖日龄:雌虾≥270 d,雄虾≥300 d;个体规格:雌虾体长≥15 cm,体重≥43 g,雄虾个体≥14 cm,体重≥38 g;体表光滑,色泽鲜艳,胃肠充满食物,活力强,不携带 WSSV、TSV、IHHNV 和 IMNV。

5.2 亲虾培育

5.2.1 亲虾培育室

有调光、控温、防风雨和通风的功能。

5.2.2 亲虾培育池

水泥池,面积大约在 30 m²～60 m²,池深 90 cm～120 cm,可分为两种类型:一种是圆形池,另一种是长方形池,池底设有排水孔,向一边或中间倾斜,坡度为 2%～3%。培育池上方安装 4 支～6 支功率为 40 W 的日光灯管。

5.2.3 产卵孵化池

室内水泥池,正方形或长方形,容积为 10 m³～30 m³,池深 130 cm～150 cm。

5.2.4 亲虾暂养

雌、雄亲虾分池暂养,暂养密度为 10 尾/m²～15 尾/m²。暂养池水温与亲虾运输的水温一致或稍高 0.5℃,盐度差小于 3,光照强度控制在 500 lx～1 000 lx。暂养时间一般为 15 d 左右,待亲虾的摄食和活力恢复正常后,转入培育池中进行促熟培育。

5.2.5 亲虾促熟培育

5.2.5.1 亲虾培育密度

培育密度 10 尾/m²～15 尾/m²。

5.2.5.2 雌、雄比例

雌、雄亲虾比例为 1:1～1:1.5。

5.2.5.3 摘除眼柄

用烧红的止血钳镊烫雌性亲虾单侧眼柄,眼柄被镊灼至扁焦即可。

5.2.5.4 日常管理

5.2.5.4.1 水温

培育池水温 28℃～29℃。

5.2.5.4.2 充气量

沿池周边每 50 cm～60 cm 设一个气石,充气呈沸腾状。

5.2.5.4.3 光照强度

培育池白天光照强度控制在 500 lx～1 000 lx。

5.2.5.4.4 饵料与投喂

投饵要按时适量,以满足亲虾摄食为原则。每天投喂量为亲虾总体重的 10%～15%(饵料以湿重计),每天分别在 8:00、16:00、23:00 各喂一次。上午、下午投喂量应多一些,占投喂量的 4/5。投饵时,应沿池边多点投喂,避免亲虾摄食不均。饵料的种类以沙蚕、牡蛎、乌贼等鲜活饵料为主(其中沙蚕应占总量的 30% 以上),添加少量的维生素 E、维生素 C,兼投适量的亲虾专用人工配合饲料。

5.2.5.4.5 吸污与换水

培育池水深 50 cm～60 cm。亲虾摘除眼柄后,2 d 内不换水,以后每天换水 1 次,每天 8:00 开始吸污,用虹吸方法吸去残饵和亲虾的排泄物,更换新水,日换水率 50%～80%。加注新鲜海水的水温与原培育水温接近,温差不超过 1℃。亲虾催熟培育一段时间后,可移池培育。

5.3 交配、产卵及孵化

5.3.1 亲虾交配

亲虾催熟培育 4 d～7 d 后,每天检查亲虾性腺发育情况。性腺成熟的雌虾,从背面观,卵巢饱满,呈橘红色,前叶伸至胃区,略呈"V"字形。每天 8:00～9:00 挑选性腺成熟的雌虾移入雄虾培育池中让其自行交配。白天光照强度 500 lx～1 000 lx。夜晚开启交配池上方的日光灯,光照强度保持在 200 lx～300 lx。

5.3.2 产卵

5.3.2.1 产卵环境

产卵池经漂白精、高锰酸钾或福尔马林等消毒剂严格消毒,用洁净海水冲洗干净后,注入海水1.0 m～1.3 m。加入乙二胺四乙酸二钠(EDTA-2Na),使其在水中的浓度为 2×10^{-6}～5×10^{-6};水温28℃～30℃;光照强度 50 lx 以下,气石 1 个/m²,微弱充气;保持安静。

5.3.2.2 移放产卵亲虾

每天 20:00 和 23:00 左右分两次检查交配池中雌雄交配情况,将已交配的雌虾用捞网轻轻捞出放入产卵池,密度 4 尾/m²～6 尾/m²。未交配的雌虾在翌日 00:00 前后捞出放回雌虾原培育池中。

5.3.3 产卵后的处理

产卵后,要及时捞出雌虾放回原培育池,将产卵池中的污物清除。

5.3.4 孵化

5.3.4.1 孵化密度

受精卵的孵化密度 30×10^4 粒/m²～80×10^4 粒/m²。

5.3.4.2 充气量

孵化池中气石 1 个/m²,充气使水呈微波状。

5.3.4.3 孵化管理

受精卵的孵化水温保持 28℃～30℃,每小时推卵一次,将沉底的卵轻轻翻动起来。在孵化过程中应及时用网把脏物捞出,并检查胚胎发育情况。孵化时间 12 h～13 h。

5.4 无节幼体的收集与计数

5.4.1 无节幼体的收集

无节幼体全部孵化后,用 200 目筛绢网包裹的排水器将孵化池的水位排至 50 cm～60 cm,在幼体收集槽中用 200 目的筛绢网箱收集无节幼体,除去脏物,移入 500 L 的玻璃钢桶中,微充气。

5.4.2 无节幼体的取样计数

取样前加大充气量,待无节幼体分布均匀后,用 50 mL 的取样杯随机取 2 杯水样进行计数,按下式计算幼体数量。

$$幼体总数=取样幼体数\times10^4 \text{ 尾}$$

5.5 幼体检疫

经检疫部门检疫合格、为无特定病原(SPF)的健康幼体方可销售或使用。

6 虾苗培育

6.1 幼体培育

6.1.1 育苗池与育苗室

育苗池为正方形或长方形水泥池,一般建在室内,池深 1.2 m～1.5 m,容积 12 m³～20m³。池底和四壁涂刷无毒聚酯漆,并标出水深刻度线。池底应向一边倾斜,坡度为 2‰～3‰,池底最低处设排水孔,池外设集苗槽。育苗室具有防风雨、保温和调光的功能。

6.1.2 培育池的消毒处理

放养无节幼体前,必须对育苗池进行严格的清洁消毒,首先把育苗池壁、池底、气管、充气石、加温管等清洗干净。池底、池壁可用 500×10^{-6} 高锰酸钾涂抹消毒 3h 以上,然后用清水冲洗干净备用;气管、充气石则用 $1\,000 \times 10^{-6}$ 福尔马林浸泡 12h 以上,再用清水冲洗干净备用。

6.1.3 放养密度

无节幼体放养密度应根据育苗池的条件而定,一般为 20 万尾/m³～30 万尾/m³。

6.1.4 幼体入池

无节幼体入池前,在池水中加入乙二胺四乙酸二钠(EDTA-2Na),育苗池水温调控在 28℃～32℃,微弱充气。无节幼体入池前,应进行消毒。将幼体移入手捞网(200 目筛绢),用 10×10^{-6} 聚维酮碘溶液中浸泡 5 s～10 s,取出迅速用干净海水冲洗,然后移入育苗池中。无节幼体不摄食,不需投饵。微弱充气,水温 28℃～32℃,光照强度 500lx 以下。

6.2 日常管理

6.2.1 培育水温

培育水温 28℃～32℃。

6.2.2 充气量

幼体各发育期充气量:无节幼体阶段水面呈微沸状;溞状幼体阶段呈弱沸腾状;糠虾幼体阶段呈沸腾状;仔虾阶段呈强沸腾状。

6.2.3 光照强度

从无节幼体阶段到仔虾阶段,培育池的光照强度可从弱到强逐渐增强,溞状幼体至糠虾幼体通常 200 lx～500 lx,仔虾阶段至虾苗出池通常 500 lx～1 000 lx。

6.3 饵料投喂

投饵量应根据幼体的摄食状况、活动情况、生长发育、幼体密度、水中饵料密度、水质等情况灵活调整。

6.3.1 溞状幼体

投喂单胞藻 3 次/d～5 次/d,投喂人工配合饵料 4 次/d～6 次/d,幼体在不同的发育阶段,饵料颗粒大小使用不同规格的筛绢网进行搓洗投喂。溞状Ⅰ期筛绢网用 250 目;溞状Ⅱ期、溞状Ⅲ期用 200 目;视幼体发育情况,可定期添加一定量的益生菌预防疾病,增强体质,确保幼体顺利发育生长。

6.3.2 糠虾幼体

投喂单胞藻 3 次/d～5 次/d,投喂人工配合饵料 4 次/d～6 次/d。糠虾期饵料搓洗所用筛绢网目为 150 目。

6.3.3 仔虾

随着仔虾的长大,饵料搓洗所用筛绢网目由 120 目、100 目、80 目逐渐更换。仔虾阶段以投喂卤虫无节幼体为主,兼投少量虾片。

6.4 育苗水质调控

pH 7.8～8.2;盐度 26～35;化学耗氧量 5 mg/L 以下;氨氮含量 0.5 mg/L 以下;亚硝酸盐氮含量低于 0.1 mg/L;溶解氧含量大于 5 mg/L。

6.5 幼体生长状况

6.5.1 幼体的生长发育

水温 28℃～32℃,幼体生长发育正常的情况下,$N_1 \to Z_1$ 约需 30 h～40 h,$Z_1 \to M_1$ 约需 3.5 d～4.5 d,$M_1 \to P_1$ 约需 3 d～4 d,$P_1 \to$ 体长为 0.6 cm 的虾苗约需 7d。

6.5.2 幼体的活动

N 为间歇划动,Z 为蝶泳状游动,M 为倒吊弓弹运动,P 为水平正游。

6.5.3 幼体的摄食

幼体摄食良好时,胃肠充满食物,肠蠕动有力。Z 拖便,拖便长度约为体长的 1～3 倍;M 大部分 (75％以上)拖便,拖便长度约为体长的 0.2～0.5 倍。

6.5.4 幼体的健康状况

健康的幼体活力好,趋光性强,胃肠充满食物,体表无黏附物,附肢完整无畸形,体色无白浊、不变红,色泽清晰,肌肉饱满。

7 病害防治和药物使用

7.1 观察检测

定期观察、检查幼体摄食和生长发育情况,每天对水质进行检测,发现问题及时进行分析、解决。

7.2 防治原则

对亲虾池和孵化池进行严格消毒;加强饵料培养,确保饵料供应的数量及质量;培育池及生产用具要严格消毒,各种工具专池专用;操作人员要随时消毒手足,定期消毒车间各个角落、通道;外来人员避免用手触摸池子、工具。

7.3 药物使用

育苗生产所使用药物应符合 NY 5071 的规定,严禁使用国家明文禁用的抗生素或其他消毒药物。

7.4 常见疾病及防治

在幼体培育过程中,要采用快速检测试剂盒或其他可靠方法进行 TSV、IHHNV、WSSV 和 IMNV 四种病毒的常规检测,发现带病毒的幼体或虾苗立即销毁,育苗常见疾病有:病毒病、丝状菌病、气泡病、固着类纤毛虫病等。

表 1　常见育苗病害防治

病害名称	症状	防治方法
病毒病	受感染幼体活动能力下降、反应迟钝、不摄食、生长率低	①消灭传染源,严格检疫,使用无病毒亲虾,寻找早期诊断方法②做好苗池、管道、工具、苗池用水消毒③受精卵用无毒海水冲洗数分钟或用每立方米 300mg 高锰酸钾浸泡 30s 后再孵化
丝状菌病	由白丝菌感染引起,菌丝细长,附着于幼虾的鳃丝、附肢和四壳上,受感染幼体活动能力减弱,沉于池底,然后死亡	换水,不过量投饵,对感染虾每天可用每立方米 5 g～10 g 的高锰酸钾浸泡 1 h,连续5 d～10 d
气泡病	出于水中溶解气体含量过多,水温过高所致。患病幼体体表、鳃腔和肠道内发生圆形、椭圆形或长条形大小不一的气泡,多发于溞状幼体,患病幼体常在水面挣扎	注意调节水温,已患病幼体则应及时降低水温,并暂停充气,可使消化道的气泡逐渐变小而排出体外
固着类纤毛虫病	由附着在对虾卵及幼体上的纤毛虫引起,纤毛虫妨碍幼体运动,争夺饵料,影响其变态发育,导致幼体衰弱死亡。患病虾行动迟钝,身上似有绒毛,摄食困难	首先要保持合理的育苗密度和良好的育苗环境条件,多换水,饲喂优质饵料

8 虾苗出池和运输

8.1 出池虾苗质量要求

虾苗体长达到 0.8 cm～1.0 cm,健康状况良好、活力好、肠胃充满食物,附肢完整无畸形,出池前必须经检验,确定不带 TSV、IHHNV、WSSV 和 IMNV 四种病毒后,方可销售。

8.2 虾苗计数与运输

虾苗计数采用干容量法进行抽样计数。

运输以塑料薄膜袋充氧密封运输效果为好。塑料薄膜袋的常用规格为 60 cm×45 cm×45 cm,每袋装海水 4 L～6 L、虾苗(体长 0.7 cm～1.0 cm)7 000 尾～12 000 尾、纯氧 8 L～12 L,运输水温22℃～28℃,运输时间 8 h～12 h。长距离运输应采取相应的降温措施。装袋前应确认塑料薄膜袋无破损后,再装入清洁海水和虾苗,排出袋内空气,通入氧气管缓慢充氧,用橡皮筋扎紧袋口,确认无漏水、漏气后,方可装入纸箱启运。

ICS 65.150
B 52

DB35

福 建 省 地 方 标 准

DB35/T 1242—2012
代替 DB35/T 528.2—2004

南美白对虾工厂化人工繁育技术规范

2012-02-23 发布

2012-05-20 实施

福建省质量技术监督局 发布

前　言

本标准是对 DB35/T 528.2—2004《南美白对虾标准综合体　人工繁殖技术规范》的修订。

本标准与 DB35/T 528.2—2004 主要技术内容的差异是：

—— 对"规范性引用标准"的内容进行更新和补充；

—— 增加"3 投入品"的内容；

—— 将"人工育苗"分为"7 无节幼体生产"和"8 苗种培育"；

—— 根据生产实际经验对"7.2 亲虾促熟"中的日投喂量进行了修改；

—— 根据生产实际经验对"8.3 溞状期管理"和"8.4 糠虾期管理"中的日投喂量进行了修改；

—— 根据相关规定对"8.5 病害防治"中，常见病使用的药物进行了修改。

本标准的编写格式遵循 GB/T 1.1—2009《标准化工作导则　第 1 部分：标准的结构和编号规则》。

本标准由福建省海洋与渔业厅提出并归口。

本标准负责起草单位：漳州市水产技术推广站。

本标准主要起草人：尤颖哲、蔡葆青、陈何东、郑秀玲、曾凡荣。

南美白对虾工厂化人工繁育技术规范

1 范围

本标准规定了南美白对虾工厂化人工繁育中的投入品、环境、设施、培育用水处理、无节幼体生产、苗种培育、虾苗出池和记录等。

本标准适用于福建省南美白对虾工厂化人工繁育。

2 规范性引用文件

下列文件对于本文件的应用是必不可少的。凡是注日期的引用文件,仅注日期的版本适用于本文件。凡是不注日期的引用文件,其最新版本(包括所有的修改单)适用于本文件。

GB 8978　污水综合排放标准

GB 11607　渔业水质标准

GB/T 15101.2　中国对虾　苗种

GB 18406.4　农产品安全质量　无公害水产品安全要求

GB/T 18407.4　农产品安全质量　无公害水产品产地环境要求

NY 5071　无公害食品　渔用药物使用准则

NY 5072　无公害食品　渔用配合饲料安全限量

SC/T 2002　对虾配合饲料

中华人民共和国国务院令(2004)第〔404〕号《兽药管理条例》

中华人民共和国农业部令(2003)第〔31〕号《水产养殖质量安全管理规定》

DB35/T 1074　福建省水产苗种场建设规范

DB35/T 1075　福建省水产苗种场生产管理规范

3 投入品

3.1 饲料

应符合 NY 5072、SC/T 2002 要求。

3.2 渔药

使用按 NY 5071、中华人民共和国国务院令(2004)第〔404〕号《兽药管理条例》的要求执行。

4 环境

工厂化育苗室应建在海、淡水水源充足,交通、电力、通讯便利,无噪声干扰的地方。环境应符合 GB/T 18407.4 的要求。水源水质应符合 GB 11607 的要求,海水常年盐度保持在 30～35。

5 设施

应符合 DB 35/T 1074 的相关要求。

5.1 亲虾池

室内水泥池,正方形或长方形,半埋式,池底设有排水孔及集苗槽。每口面积 25 m²～35 m²、池深 0.8 m～1.2 m 为宜,池内壁及底部宜漆成暗色。

5.2 无节幼体孵化池

室内水泥池,长方形,半埋式,池底设有排水孔及集苗槽。每口面积 20 m²～25 m²、池深 1.0 m～1.2 m 为宜,总面积应为亲虾池的 15％～25％。

5.3 预热水池

2 口以上。水池的总容量应为无节幼体孵化和亲虾日用水总量的 2～2.5 倍。

5.4 育苗池

室内水泥池,长方形,半埋式,池底设有排水孔及集苗槽。每口面积 20 m²～25 m²、池深 1.4 m～1.6 m 为宜。

5.5 卤虫孵化设备

卤虫孵化池或锥底玻璃钢桶。

5.6 供水系统

供水系统应配有沉淀池、二级砂滤系统、蓄水池。蓄水池的容量应为育苗池总容量的 20％～25％及最大一座独立育苗车间的 100％～150％。排放水应符合 GB 8978 规定。

5.7 供气系统

充气设备采用罗茨鼓风机为宜。育苗池每 500 m³ 容量配备功率 7.5 kW 的鼓风机 2 台。

5.8 供热系统

采用热循环水锅炉为宜,输水管采用 PTR 管为宜。育苗池每 500 m³ 容量配备 6 t 的锅炉 1 台。

5.9 供电系统

电力除采用 380 V 交流电源外,应配备相应功率的发电机组。

6 培育用水处理

培育用水应经二级砂滤等处理后使用,孵化及育苗用水用医用脱脂棉或滤径 1 μm～5 μm 过滤袋过滤处理为宜。采用化学药品消毒,须待药性消失后使用。提倡使用专业水处理设备。

7 无节幼体生产

应符合 DB35/T 1075 的相关规定。

7.1 亲虾

7.1.1 来源

从经检测不带特定病原的不同群体中挑选出体格健壮、性状优良的个体作为亲虾。进口亲虾需提供相关证明。

7.1.2 质量

外壳色泽光亮,肌肉呈透明状、结实,活力强,各肢节完整,无病灶。

7.1.3 规格

个体重 40 g 以上,体长 15 cm 以上。

7.2 亲虾促熟

雌、雄虾分池培育,雌虾放养密度为 8 尾/m²～10 尾/m²,用火钳剪除雌虾一侧眼柄;雄虾放养密度为每平方米 6 尾～8 尾。水温控制在 27℃～29℃,水深 60 cm～80 cm,气石排布于亲虾池正中央和四周池壁,强烈充气,使池水溶氧量达 5 mg/L 以上。保持弱光条件。饵料以鲜活牡蛎、鱿鱼、星虫为主,鲜活饵料投喂前以 60 mg/L～100 mg/L 的 10％聚维酮碘溶液浸浴 15 min～20 min,日投喂量占亲虾总重量的 12％～16％(以鲜重计)。每天换水 40％～60％,吸污 1 次～2 次。

7.3 交配

日落前 2h～3h,挑选性腺饱满、成熟的雌虾入雄虾池内交配。雌雄性比为(1∶5)～(1∶10)。交配期间保持适当的光照强度,白天 500 lx～1 000 lx、夜间 200 lx～500 lx 为宜。

7.4 产卵

19:00～21:00,将交配好的雌虾移入孵化池产卵,产卵时保持弱光,轻微充气。水温 29℃±1℃,孵化池平均每平方米布气石 0.5 个,均匀分布。孵化池水深度 1 m～1.2 m,添加 3 mg/L～5 mg/L 乙二胺四乙酸二钠为宜。

7.5 孵化

将已产卵的亲虾捞出,孵化在孵化池进行,水温 30℃±0.5℃。保持轻微充气,每 1 h 用专用推子搅动池底 1 次,直至孵出幼体。孵化密度 150 万粒/m³～200 万粒/m³ 为宜。经 5 h～8 h,幼体孵出后用孔径 75 μm(200 目)筛绢网箱收集。

8 苗种培育

应符合 DB35/T 1075 的相关规定。

8.1 无节幼体

健康无病、附肢完整、趋光性好、活力强、经检测无特定病原。入池前应用洁净的海水清洗。

8.2 培育密度

25 万尾/m³～30 万尾/m³ 为宜。

8.3 各期管理

饵料提倡使用人工饲料,每天投喂 6 次～8 次全池均匀泼洒,水中保持 0.6 ppm～0.8 ppm 饵料密度,根据虾苗肠胃充塞度和水中残饵情况调节投喂量。保持育苗水质理化因子盐度 26～35、pH7.8～8.8、溶解氧≥6 mg/L、氨氮≤0.4 mg/L、化学耗氧量≤5 mg/L、氨氮含量 0.5 mg/L、亚硝酸盐氮含量≤0.1 mg/L 为宜,保持良好的藻相。

8.3.1 溞状期管理

溞状期充气保持微沸状。水温为 30℃±0.5℃。饵料以虾片为主,辅以藻粉、BP 粉。溞状一期日投喂量为每百万尾 30 g～45 g,用孔径 48 μm(300 目)筛绢网袋滤洗;溞状二期日投喂量为每百万尾 45 g～60 g,用孔径 58 μm(250 目)筛绢网袋滤洗;溞状三期日投喂量为每百万尾 60 g～75 g,用孔径 75 μm(200 目)筛绢网袋滤洗,开始辅以卤虫无节幼体。溞状期不换水,通过控制投饵量及添加生物制剂控制水质,这个阶段水色以淡茶色或黄绿色为宜。

8.3.2 糠虾期管理

糠虾期充气保持中沸状。水温为 30℃±0.5℃。饵料以虾片为主,辅以藻粉、虾苗配合饲料和卤虫无节幼体。糠虾一期日投喂量为每百万尾 60 g～75 g,用孔径 106 μm(150 目)筛绢网袋滤洗;糠虾二期日投喂量为每百万尾 75 g～90 g,用孔径 120 μm(120 目)筛绢网袋滤洗;糠虾三期日投喂量为每百万尾 90 g～105 g,用孔径 120 μm(120 目)筛绢网袋滤洗。糠虾期不换水,通过控制投饵量及添加生物制剂控制水质,这个阶段水色以茶色为宜。

8.3.3 仔虾期管理

仔虾期充气保持沸腾状。水温前期为 30℃±0.5℃,出苗前 3 d～5 d 开始降温,日降温幅度为 2℃～4℃至常温。饵料前期以虾片、卤虫无节幼体为主,仔虾进入第 5 d 辅以蛋黄。投饵量根据胃肠饱满度调节,前期饵料用 180 μm(80 目)筛绢网袋滤洗;后期用 250 μm(60 目)筛绢网袋滤洗或粉碎后投喂。仔虾期不换水,仔虾中后期开始添加淡水,控制水色为浅褐色,浓而不浑浊、不结块,池面不出现堆积不散的泡沫。

8.4 淡化

当仔虾体长达 0.7 cm 按前快后慢原则开始淡化,比重 10 以上每天以 3～5 逐降;10 以下每天以 1～3 逐降。淡化期间日水温温差应小于 4℃。

8.5 病害防治

病害防治应坚持"以防为主,防治结合,综合治理"为原则。用药应符合《兽药管理条例》、NY 5071 标准规定。发生病毒性疾病应做无害化处理。南美白对虾育苗期主要疾病防治方法见表1。

表 1 南美白对虾育苗期主要疾病防治方法

病害	药物	用量与持续用药时间	方法
病毒病	无有效防治药物		加强亲本检疫、隔离及育苗过程日常消毒
弧菌病	氟苯尼考	10 mg/kg 体重～15 mg/kg 体重,5 d～7 d	拌饵投喂
丝状细菌病	高锰酸钾	0.5 mg/L～0.7 mg/L	全池泼洒
	二氧化氯(规格8%)	0.15 mg/L～0.22 mg/L	全池泼洒
真菌病	硫醚沙星	0.2 mg/L～0.25 mg/L,1 d～2 d	全池泼洒

9 虾苗出池

9.1 规格

非淡化苗体长≥0.8 cm,淡化苗体长≥1.0 cm。

9.2 质量

检测参照 GB/T 15101.2 相关规定执行。虾苗健康无病、体色鲜艳、附肢完整、虾体透明、平游、逆水性好、活力强。

10 记录

按照中华人民共和国农业部令(2003)第〔31〕号《水产养殖质量安全管理规定》规定做好《水产养殖生产记录》《水产养殖用药》等相关记录。

参考文献

[1] NY 5051　无公害食品　淡水养殖用水水质
[2] NY 5052　无公害食品　海水养殖用水水质
[3] NY 5070　无公害食品　水产品渔药残留限量

ICS 65.150

B 52

DB33

浙 江 省 地 方 标 准

DB33/T 397.1—2003

无公害罗氏沼虾
第 1 部分：虾苗繁育

Non–environmental pollution Macrobrachium rosenbergii
Part 1: Production of rosenbergii seedling

2003-02-24 发布

2003-03-24 实施

浙江省质量技术监督局 发布

前　言

　　罗氏沼虾又名马来西亚长臂大虾、淡水长脚大虾、金钱虾（学名 *Macrobrachium rosenbergii*），原产于热带、亚热带地区。属长臂虾科，沼虾属。罗氏沼虾的无公害养殖是根据沼虾的生物学特性，创造一个良好的、有利于虾生长发育的自然生态环境，采用合理的营养结构，进行健康养殖，控制病害发生，生产的虾无污染、品质优。

　　DB33/T 397—2003《无公害罗氏沼虾》按部分分布，分为三个部分：

　　——第1部分：虾苗繁育

　　——第2部分：养殖技术规范

　　——第3部分：商品虾

　　本部分为 DB33/T 397—2003 的第1部分。

　　本部分由浙江省海洋与渔业局提出。

　　本部分主要起草单位：杭州市西湖区农业局、杭州市质量技术监督局西湖分局。

　　本部分起草人：沈蒂、胡松学、洪守霞、陈凡、覃敏华、姚建明、刘怀俭、骆锦林。

无公害罗氏沼虾
第1部分:虾苗繁育

1 范围

本部分规定了无公害罗氏沼虾(*Macrobrachium rosenbergii*)的亲虾选择和运输、亲虾培育、产卵与孵化、幼体培育。

本部分适用于无公害罗氏沼虾虾苗繁育。

2 规范性引用文件

下列文件中的条款通过本部分的引用而成为本部分的条款。凡是注日期的引用文件,其随后所有的修改单(不包括勘误的内容)或修订版均不适用于本部分,然而,鼓励根据本部分达成协议的各方研究是否可使用这些文件的最新版本。凡是不注日期的引用文件,其最新版本适用于本部分。

GB 11607 渔业水质标准

NY 5051 无公害食品 淡水养殖用水水质

NY 5071 无公害食品 渔用药物使用准则

NY 5072 无公害食品 渔用配合饲料安全限量

3 亲虾选择和运输

3.1 亲虾选择

3.1.1 亲虾的来源

亲虾主要来源于成虾养殖池,一般在10月上、中旬收集培育;要求收购亲虾的池塘在近几年来的养殖过程中无发病史。

3.1.2 规格质量

3.1.2.1 规格相对整齐,雄虾第二步足为橘黄色,规格在30尾/kg~50尾/kg之间,雌虾规格在40尾/kg~60尾/kg之间。

3.1.2.2 体格健壮、附肢完整、全身无病灶,体色鲜艳、活动正常。

3.1.3 性比

为使亲虾获得较好的受精率,雌雄比以3∶1为宜。

3.2 运输

3.2.1 运输方法

3.2.1.1 敞口帆布运输,帆布箱规格一般为0.8 m×0.8 m×1.0 m。水温以20℃为宜,运输时间短于5 h,每箱可运亲虾20 kg~30 kg。

3.2.1.2 铁皮箱运输规格一般为0.8 m×0.8 m×1.2 m,将亲虾放入规格0.6 m×0.7 m×0.12 m的虾箱中,每个铁皮箱可放虾箱8个~10个,每个虾箱可放虾4 kg~6 kg,运输途中用气泵加氧气瓶不断充气增氧。

3.2.2 运输后的消毒

亲虾挑选、运输后要进行消毒,采用10 mg/L浓度的漂白粉浸泡20 min~30 min,避免受伤感染发病。

4 亲虾培育

4.1 亲虾培育池

4.1.1 亲虾采用温室越冬。培育池的面积以 10 m²～25 m² 为宜,水深保持在 0.8 m～1.5 m。池内设置网片等隐蔽物。

4.1.2 亲虾入池前须用 100 mg/L 浓度的高锰酸钾进行虾池消毒、并加水浸泡一周,然后刷洗干净,新建池需多次浸泡,并加酸中和其碱性,直至 pH 稳定在 7～8。

4.2 放养密度

亲虾放养的密度控制在 20 尾/m³～40 尾/m³。

4.3 水质管理

4.3.1 培育用水

培育用水应符合 NY 5051 要求。水温相对稳定。冬季水温不能低于 20℃。

4.3.2 水温调控

4.3.2.1 越冬期要求亲虾保持较高的成活率,并适度生长,水温最好控制在 20℃～23℃

4.3.2.2 进入产前培养阶段,水温应逐渐调控至 25℃～26℃,升温应注意平稳,日升温应控制在 1℃ 以内。同时在池面上方设遮光设施,避免直射光照射。

4.3.3 水质控制

为确保亲虾池水质清新,溶氧保持在 4 mg/L～5 mg/L,虾池每 2 m²～4 m² 需放一个气石。每天应及时吸污,定期换水,一般越冬池 5 d～7 d 换 1 次水,换水量为 1/3～1/2,进入强化期培育则要增加换水次数,换水时温度差不宜超过 1℃。亲虾越冬期间每隔一周用 1 mg/L 浓度的漂白粉全池泼洒。

4.4 投饲管理

4.4.1 饲料质量要求

配合饲料要求符合 NY 5072 规定。动物性饲料要求新鲜、不变质。

4.4.2 投饲方法

以配合饲料为主,辅以动物性饲料(如冰冻小杂鱼、螺蛳肉等),多种饲料交替投喂。日投喂的饲料量为虾体重的 3% 左右,每日投喂 2 次,以夜间投饲为主,投喂量占 70%,以次日清晨吃完为准。越冬后期需增加动物性饲料的投喂。日投喂量增至虾体重的 5%～7%。

5 产卵与孵化

5.1 育苗用水准备

5.1.1 育苗水源要求符合 GB 11607 规定,培育用水应符合 NY 5051 的规定。

5.1.2 淡水水源的预处理。在冬季气温较低时进冬水入池塘前,池底应先清塘,进水后用 0.3 kg/m² 生石灰消毒,经过 1 个～2 个月的沉淀,待 pH 降至 8.5 以下,方可使用。

5.1.3 选用天然海水或适用的人工配制海水,要求盐度在 10～12,比重在 1.005～1.007。人工海水采用工业盐按天然海水主要元素的成分配制而成。其组成中,除氯化钠外,Mg、Ca、K 三种离子的配比为 3:1:1。

5.2 亲虾交配

育苗前的一个月,将水温逐渐升至 26℃～28℃,并增加动物性饲料的投喂,日投喂量为虾体重的 5%～7%,增加换水量和换水频率,使亲虾性腺成熟,交配产卵。

5.3 抱卵虾的挑选和分池培育

在亲虾池水水温 26℃ 的条件下,每隔 10 d～15 d 挑选抱卵虾一次。根据卵的颜色(灰色,棕色,黄色)将抱卵虾分成三个等级,分池饲养。卵呈灰褐色的抱卵虾可直接放入人工半咸水中集中排幼。每平方米可放抱卵虾 40 只～50 只。灰卵虾经 2 d～3 d 的培育即可排出幼体。抱卵虾排幼期间吃食减少,应控制投饲量。

5.4 抱卵虾日常管理

5.4.1 水质调控

受精卵孵化水温应严格保证为 26℃～28℃。抱卵虾前期都在淡水中培育,当卵色由黄色变成灰色时(一般为产卵后 12 d 左右),使培育水盐度逐步达到 10～12。在孵化期内连续充气增氧,使池水溶氧处于近乎饱和状态。

5.4.2 饲料管理

在孵化期,坚持每天投喂新鲜鱼肉、螺肉等动物性饲料。

6 幼体培育

6.1 培育池及配套设施

池子一般为水泥池,需配备电力、充气、加热、进排水系统及动物饵料培育设施等设备。溞状幼体以丰年虫无节幼体为主要饵料。

6.2 培育水质

水质应符合 GB 11607 的规定。溞状幼体的最适生活盐度为 10～12。

6.3 幼体密度

在抱卵虾排幼的次日上午,用孔径 224 μm(80 目)的筛绢网将溞状幼体捞出,用白瓷盘带水端至育苗池中进行培育。

培育池中幼体的布苗密度一般为每立方米水体 5 万尾～10 万尾,且一个培育池中幼体要求为基本同期孵化出的。

6.4 水质管理

6.4.1 水温控制

亲虾交配池与抱卵虾池的水温控制在 26℃～28℃,布苗后每天升温 0.5℃,直至 30℃,育苗温度控制在 30℃。

6.4.2 水位

布苗时的水位保持在 40 cm,之后每天加水 10 cm,直至 80 cm。

6.4.3 溶氧

溶氧要求在 5 mg/L 以上,溞状幼体培育前期的充气量应小呈微波状。以后逐渐加大充气量,后期调整充气量为略显沸腾状态。气石应在苗池内分布均匀。

6.4.4 吸污倒池

第 3 d 开始吸污,第 6 d 开始倒池,整个培育周期倒池 3 次～4 次,到第 15 d 左右出现仔虾以后,水质调控以换水、吸污为主。每天上下午各吸污一次。

6.4.5 定期监测

定期监测育苗水体的盐度、pH、氨氮、硝酸态氮、亚硝酸态氮、硫化物、硫化氢、大肠杆菌、寄生虫、霉菌、真菌以及罗氏沼虾溞状幼体发育状态,并采取相应的调控措施。

6.5 饵料投喂

6.5.1 饵料种类

溞状幼体第一次蜕壳后可投喂以丰年虫无节幼体为主的饵料,同时还可投喂蓝藻粉、酵母、光合细菌和轮虫等;当幼体蜕过 4 次～5 次皮后,则可加喂煮熟的鱼肉肉糜和蛋黄。

6.5.2 投喂数量和方法

布苗后按 10 个/mL 丰年虫无节幼体投喂,随着罗氏沼虾的生长,投喂量逐渐增加,至 V 期后补充蛋羹,投喂蛋羹时,先停止充气,用手将蛋羹轻轻甩入池中,使其尽量分布均匀,罗氏沼虾溞状幼体集群处可适当多投。每天投喂 6 次,分别为 1:00、6:00、11:00、13:00、17:00、22:00。开始淡化后停止投喂丰年虫无节幼体,改投人工饵料,在淡化暂养过程中,增加投喂的次数和数量,投喂饵料要充足。

6.6 病害防治

6.6.1 工具消毒

把工具放在含 40 mg/L 高锰酸钾的水体里浸泡 2 min 后冲洗干净,各种工具实行各池专用或者用完后消毒好才拿到另一口池中使用。

6.6.2 饵料

丰年虫冬卵在孵化前应用 200 mg/L 漂白粉浸泡 30 min,进行消毒。

6.6.3 病害防治

放苗前,池子需经彻底清洗,水泥池用 10 mg/L 浓度漂白粉;培育用水需经沉淀处理,进水时用孔径小于 0.2 mm 的筛绢过滤;培育期间定期用 1 mg/L 漂白粉或 0.3 mg/L 三氯异氰尿酸消毒池水;定期镜检虾苗,一旦发现病害,及时对症下药,用药要符合 NY 5071 的规定。

6.7 虾苗淡化

经过 19 d~22 d 的培育,当 90% 以上的罗氏沼虾溞状幼体变成仔虾,即可进行虾苗淡化。加注新鲜淡水,降低盐度。淡化可分 3 d~4 d 进行,直至盐度降为 0,即可放养或销售。培育池水温与室外养殖池水温差应小于 2℃。

ICS 65.150
B 52

DB33

浙 江 省 地 方 标 准

DB33/T 395.1—2015
代替 DB33/T 395.1—2003

三疣梭子蟹
第 1 部分：苗种生产技术规范

Swimming crab
Part 1: Technical specifications for larva

2015-08-06 发布

2015-09-06 实施

浙江省质量技术监督局 发布

前　　言

本部分按照 GB/T 1.1—2009 给出的规则起草。

请注意本文件的某些内容可能涉及专利。本文件的发布机构不承担识别这些专利的责任。

本部分代替 DB33/T 395.1—2003《无公害三疣梭子蟹　第 1 部分：苗种生产技术规范》，本部分与 DB33/T 395.1—2003 相比，除编辑性修改外主要技术变化如下：

——新增了室内工厂化育苗的饵料培育与水处理设施、土池育苗、养成塘原池培苗、苗种质量等相关要求；

——修改了苗种运输要求；

——删除了附录 A 和附录 B；

——完善了抱卵蟹入池密度控制、布幼抱卵蟹挑选参数、消毒处理、病害防治等要求。

本部分由浙江省海洋与渔业局提出。

本部分由浙江省水产标准化技术委员会归口。

本部分起草单位：浙江省水产技术推广总站、浙江省海洋水产研究所、普陀区水产技术推广站。

本部分主要起草人：丁雪燕、何中央、孙忠、徐国辉、何丰、周凡、黄福勇。

三疣梭子蟹
第1部分:苗种生产技术规范

1 范围

本部分规定了三疣梭子蟹(*Portunus trituberculatus* Miers)工厂化和池塘育苗的场地与设施、亲蟹培育、苗种培育、苗种出池及运输、苗种质量等技术要求。

本部分适用于三疣梭子蟹室内工厂化和室外池塘苗种生产。

2 规范性引用文件

下列文件对于本文件的应用是必不可少的。凡是注日期的引用文件,仅注日期的版本适用于本文件。凡是不注日期的引用文件,其最新版本(包括所有的修改单)适用于本文件。

GB 13078 饲料卫生标准

GB/T 18407.4 无公害水产品产地环境要求

NY 5052 无公害食品 海水养殖用水水质

NY 5071 无公害食品 渔用药物使用准测

NY 5072 无公害食品 渔用配合饲料安全限量

SC/T 2014—2003 三疣梭子蟹 苗种

SC/T 9103 海水养殖水排放要求

3 术语与定义

下列术语和定义适用于本部分。

3.1

溞状幼体 zoea

蟹类受精卵孵化出的前期溞状幼虫。一般分4期或5期,常用 $Z_1 \sim Z_5$ 表示。

3.2

大眼幼体 megalopa

蟹类后期溞状幼虫。是从浮游向底栖的过渡期,有极强的趋光性,常用 M 表示。

3.3

仔蟹 juvenile crab

大眼幼体蜕皮后变态形成的蟹形小蟹。初始变态形成的小蟹称Ⅰ期仔蟹;经第二次蜕皮后称Ⅱ期仔蟹,以此类推。常用 C_1、C_2 等表示。

4 场地与设施

4.1 场地

交通便利,电力充足。潮流畅通,海水水源无污染,水质符合 NY 5052 的规定,盐度以 $22 \sim 30$ 为宜,底质以泥砂质为宜。环境符合 GB/T 18407.4 的规定。

4.2 设施

4.2.1 工厂化育苗

4.2.1.1 育苗与亲蟹培育池

以面积 $20 \text{ m}^2 \sim 30 \text{ m}^2$、池深 $1.2 \text{ m} \sim 1.5 \text{ m}$ 室内水泥池为宜。供水、电、气和加温与控光设施完备。

用于未抱卵亲蟹培育的池子,池底的 70％应铺设厚 10 cm～15 cm 经消毒处理的中细沙,排水口端不铺沙。

4.2.1.2 生物饵料培育

微藻培养面积约占育苗面积 10％。分一级保种、二级培养与三级培养设施。动物性饵料培养面积约占育苗面积 20％。分卤虫孵化、轮虫培养设施等。

4.2.1.3 水处理设施

分蓄水沉淀池、砂滤池、贮水池等。日处理海水能力为育苗总水体的 80％以上。贮水池的贮水能力应为育苗和亲蟹培育日用水量的 30％以上。

4.2.2 池塘育苗

4.2.2.1 池塘

以面积 667 m²～3 330 m²、水深 1.5 m～2.5 m 为宜,结构以水泥护坡或地膜全部覆盖为佳。配备底增氧或水车式增氧设施,每 667 m² 配置功率为 0.3 kW～0.6 kW。进水口设双层 120 目筛绢网袋;排水口设 60 目聚乙烯或尼龙网袋,内衬直径 50 cm 防逃设施。

4.2.2.2 蓄水池

面积占育苗池塘总面积的 10％～20％,水深≥2 m,数量在 2 口以上。

4.2.2.3 卤虫孵化设施

砖砌水泥池或玻璃钢孵化桶,每只 1 m³～4 m³,圆形、漏斗型底,配备加温与充气设施。每 667 m² 育苗塘配备孵化设施 1.5 m³～2 m³。

5 亲蟹培育

5.1 来源

3 月中下旬以后,从自然海区或三疣梭子蟹原、良种场收捕已交配的雌蟹或抱卵蟹。

5.2 质量

体重≥350 g,体质健壮、爬行活泼、体表洁净、体色正常、肢体完整、无病无伤。

5.3 运输

用皮筋绑住双螯,活水充气运输。运输时使用的海水应符合 NY 5052 的规定。

5.4 培育

5.4.1 室内培育

5.4.1.1 入池处理与密度

亲蟹运达目的地后,经 400 mg/L 福尔马林溶液药浴 5 min,再用清洁海水清洗,解除皮筋后放入亲蟹培育池。

5.4.1.2 强化培育

亲蟹培育池遮光,每 2 m²～3 m² 布 1 个散气石,中等气量,保持水深≥80 cm。每天傍晚按体重的 5％～8％投喂沙蚕、贝类或新鲜鱼虾等优质饵料,每天早晨清除残饵,换水 20％～50％。同时保持水质清新和环境安静。

5.4.1.3 升温促熟

未抱卵亲蟹入池后在自然水温下稳定 1 d～2 d,开始升温促熟、促产,日升温 0.5℃～1℃,至18℃～19℃维持稳定,抱卵后升至 20℃维持稳定;抱卵蟹宜在 3 d～5 d 内达到 20℃后维持稳定。

5.4.1.4 检查与记录

每天检查亲蟹卵色和产卵的变化,当卵块转为灰黑色后,检查受精卵胚体心跳频率。同时,观察亲蟹摄食、活动和水质变化等情况,做好培育记录。

5.4.2 池塘培育

5.4.2.1 密度

直接选用抱卵蟹,亲蟹运抵后消毒方法按本部分 5.4.1.1 执行。按每 667 m² 育苗池塘 8 只~10 只放养,按每笼 1 只吊养于亲蟹培育池塘的排架或浮筏上。

5.4.2.2 强化培育

每天傍晚按体重的 5%~8%投喂贝类或鱼虾等鲜活饵料,每天早晨清除残饵。视水质情况每 3 d~5 d 换水 1 次,换水量为 1/4~1/3。

5.4.2.3 检查与记录

按本部分 5.4.1.4 执行。

6 苗种培育

6.1 工厂化育苗

6.1.1 亲蟹消毒

挑选卵块为灰黑色、卵内胚体心跳频率≥150 次/min 的亲蟹,于傍晚前集中消毒。消毒药物种类、浓度和处理时间见表 1。

表 1 亲蟹消毒药物种类、浓度和处理时间表

药物名称	浓度 mg/L	方法	处理时间 min
福尔马林	20~100	浸泡	10
新洁尔灭	20	浸泡	40
制霉菌素	40	浸泡	30

6.1.2 孵化

将消毒后的亲蟹,经清洁海水冲洗后,装入网笼或塑料箱内,移至小型水槽内或育苗池内孵化,数量控制在每 10 m³~15 m³ 水体 1 只~2 只;孵化池内的中上层幼体密度控制在每立方米水体 1.2 万尾~1.5 万尾;未经选优育苗池原池孵化的幼体,密度控制在每立方米水体 1.5 万尾~2.0 万尾。水温控制在 20℃~24℃。

6.1.3 幼体培育

6.1.3.1 饲料投喂

6.1.3.1.1 饲料质量应符合 GB 13078 和 NY 5072 规定。

6.1.3.1.2 Z_1 期投喂金藻、角毛藻、小球藻、云微藻等单胞藻和轮虫,投喂藻类密度控制在每毫升 $20×10^4$ 个~$30×10^4$ 个,轮虫日投喂量控制在蟹幼体数量的 50 倍~100 倍。

6.1.3.1.3 Z_2 期~Z_4 期投喂轮虫和卤虫无节幼体,辅以中华哲水蚤、真刺唇角水蚤等桡足类,卤虫无节幼体日投喂量控制在蟹幼体数量的 20 倍~30 倍。

6.1.3.1.4 M 期后投喂卤虫成体、贝虾鱼肉碎末或蛋羹等,也可全程投喂专用配合饲料,日投喂 8 次~4 次。

6.1.3.2 水温控制

Z_1 期~Z_4 期 20℃~26℃,M 期 24℃~26℃,日温差不超过 1℃,变态至 C_1 后逐渐降低温度至放养水温。

6.1.3.3 水质管理

Z_1 期~Z_2 期以添水为主,Z_3 期~Z_4 期日换水 20%~30%,M 期至 50%,C 期加大到 100%,并充气增氧,使水中的 pH 保持在 7.8~8.6,氨氮低于 0.4 mg/L,溶解氧≥5 mg/L。

6.1.3.4 移苗和分池

幼体发育至 Z_4 期后，换水不能改善水质时，可进行移苗和分池。

6.1.3.5 设置隐蔽物

进入 M 期，应在池内设置网片和牡蛎壳等隐蔽物。

6.1.3.6 病害防治

水质不良时，可使用紫外线、臭氧等物理方法消毒处理水体，用光合细菌等微生物制剂、水质改良剂改善水质。

6.1.3.7 观察与记录

每天观察记录幼体发育、摄食、活动、密度等情况，经常检测 pH、氨氮、溶解氧等水质指标。

6.2 池塘育苗

6.2.1 池塘准备

6.2.1.1 清淤整池

2 月份以后，将池水排尽，彻底清除池底淤泥，曝晒 1 个～2 个月；修理闸门、堤坝和围网等。

6.2.1.2 清塘

育苗前 10 d～15 d，对育苗池塘进行清塘。清塘药物使用应符合 NY 5071 的规定。常用清塘渔药及使用方法见表 2。

表 2　常用清塘药物及使用方法

渔药名称	用法与用量 mg/L	休药期 d	注意事项
氧化钙（生石灰）	350～500	≥10	不能与漂白粉、有机氯、重金属盐、有机络合物混用
漂白粉（有效氯≥25%）	50～120	≥5	（1）不能用金属物品盛装；（2）不能与酸、铵盐、生石灰混用
茶籽饼	15～20	≥7	粉碎后用水浸泡一昼夜，稀释连渣全池泼洒

6.2.1.3 排放

清塘用药后的废水排放应注意对周围环境的影响，应达到 SC/T 9103 的排放要求。

6.2.1.4 铺设地膜

有条件的可采用薄膜铺底，避免才女虫的滋生和天津厚蟹等敌害生物的危害。

6.2.1.5 水体消毒

当亲蟹的卵色逐渐加深为橘黄色时（约幼体排放前 5 d～7 d），育苗池塘开始进水，控制水位 1.0 m，用 30 mg/L～50 mg/L 漂白粉进行水体消毒，开增氧机 10 min。

6.2.1.6 基础饵料培养

水体消毒 24 h 后检测塘水余氯。待余氯消失后，施生物有机肥培养基础饵料，使水色呈现黄绿色或黄褐色，并视水色情况适量注水或追肥。

6.2.2 孵化

亲蟹挑选和集中消毒按本部分 6.1.1 执行。将卵色相近的亲蟹放在同一池塘中，每 667 m² 吊挂亲蟹笼 5 只～8 只，每笼放亲蟹 1 只。每隔 2 h 开增氧机 20 min，以刺激排幼。24 h 检查排幼情况，控制幼体密度为每 667m² 3 000 万尾。

6.2.3 幼体培育

6.2.3.1 饲料投喂

6.2.3.1.1 饲料质量应符合 GB 13078 和 NY 5072 规定。

6.2.3.1.2 Z_1 期～Z_2 期投喂经 150 目筛绢网袋搓洗的螺旋藻粉或虾片、活体轮虫等。

6.2.3.1.3 Z_3 期开始投喂少量卤虫无节幼体,同时增加经 100 目筛绢网袋搓洗的鱼糜、鱼浆及虾片。

6.2.3.1.4 Z_4 期混入少量桡足类和卤虫成虫。

6.2.3.1.5 M 期改投鱼糜、蛋羹、桡足类和卤虫成虫。

6.2.3.1.6 投饲量视幼体摄食情况确定,少量多次,非活体饲料日投喂 4 次以上,投饲量按本部分 6.1.3.1 执行。

6.2.3.2 水质控制

6.2.3.2.1 育苗用水应经沉淀消毒培肥,经 120 目双层筛绢网袋滤入育苗土池。Z_1 期～Z_3 期以加注培肥的新水为主,每次 10 cm～20 cm;Z_4 期每天换水 1 次,每次 30 cm～50 cm 以上;M 期视池塘水色决定换水的次数和数量。

6.2.3.2.2 在投饵、集群、密度高、进水和易缺氧的早晨、晴天下午、下雨天或下半夜,应机械增氧。保持塘水的 pH 为 7.8～8.6,氨氮低于 0.4 mg/L,溶解氧≥5 mg/L,透明度 30 cm～40 cm。

6.2.3.3 日常管理

经常巡池,用解剖镜观察幼体发育、摄食、活动、密度等情况,注意育苗土池漏水、漏苗、堤坝塌陷情况,下雨天注意池水盐度变化,及时捕捉敌害生物。做好日常记录。

7 苗种出池及运输

7.1 出苗

7.1.1 规格

仔蟹 C_1 期～C_3 期,规格 2.0×10^4 只/kg 以上,蟹壳变硬后出池。

7.1.2 方法

7.1.2.1 水泥池出苗

先收集隐蔽物中的仔蟹,再用筛网捞取,最后放水用集苗箱出苗。

7.1.2.2 土池出苗

采用灯光诱捕的方法,即仔蟹发育至Ⅰ期起,每天天黑后用 2 kW 白炽灯罩上灯罩,在池塘一角或对角诱捕,集群一定数量后用抄网抄起放于大盆中。

7.2 包装运输

采用 40 cm×40 cm×70 cm 的双层聚乙烯苗袋充氧、塑料桶充气水运或苗箱干运等方法;动作轻柔,防止伤残;宜早晚运输,防止曝晒和雨淋。苗种包装材料、包装数量和运输时间具体见表 3。

表 3 苗种包装材料、数量和运输方法

运输方法	苗种规格	包装重量,kg	运输时间,h	注意事项
苗箱(60 cm×4cm×10 cm)干运	Ⅰ～Ⅱ期	≤0.25	≤3	遮阴、湿润
	Ⅲ期以上	≤0.5	≤5	
充氧袋	Ⅰ～Ⅱ期	≤0.1	≤5	水温 18 ℃～22 ℃,袋内放消毒棕丝或网片
塑料桶	Ⅲ期以上	≤2.0/m³	≤5	水温 18 ℃～22 ℃,桶内放消毒棕丝或网片

8 苗种质量要求

8.1 外观

体型正常、体表光洁、甲壳硬实、肢体完整、个体健壮、爬行迅速、无杂质,同批蟹苗要求规格整齐。

8.2 可数指标

具体见表4。

表4 苗种可数性状指标

可数指标	小规格苗种	中规格苗种
全甲宽,cm	0.4～0.8(Ⅱ期以下)	0.81～3(Ⅲ期以上)
规格合格率,%	≥95	≥96
伤残率,%	≤3	≤1
杂质百分率,%	≤3	≤1

8.3 质量安全指标

8.3.1 检疫指标

符合 SC/T 2014—2003 的4.4要求。微孢子虫病、白斑综合征病毒不得检出。

8.3.2 安全指标

硝基呋喃类代谢产物、孔雀石绿、氯霉素等国家禁用药物不得检出。

9 标准化苗种生产技术模式图

参见本标准附录A。

附　录　A
（资料性附录）
梭子蟹苗种生产技术模式图

梭子蟹苗种生产技术模式图见图 A.1。

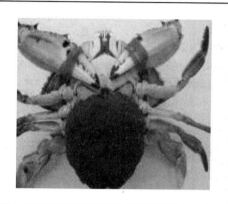

一、亲蟹培育

1. 亲蟹选择：3 月中下旬，选择体重≥350 g 的经交配的雌蟹或抱卵蟹，用 400 mg/L 福尔马林溶液药浴 5 min，清洗、松绑后入池。

2. 室内水泥池培育：未抱卵蟹每平方米 5 只～6 只，抱卵蟹 2 只～4 只。遮光、中等气量，水深≥80 cm。每天傍晚按体重 5%～8%投喂贝类等鲜饵，每天早晨清除残饵，换水 20%～50%。未抱卵蟹在自然水温下稳定 1 d～2 d 后，日升温 0.5℃～1℃，至 18℃～19℃，待抱卵后升至 20℃保持稳定。抱卵蟹 3 d～5 d 内达到 20℃后保持稳定。

3. 室外池塘培育：密度为每 667 m² 8 只～10 只，每笼 1 只吊于池塘中。投饵方法同室内培育，视水质每 3 d～5 d 换水 1 次，换水量 1/5～1/4。

二、工厂化育苗

1. 亲蟹挑选：挑选卵块为灰黑色、卵内胚体心跳频率≥150 次/min 的亲蟹，于傍晚前集中消毒，装入网笼或塑料箱，移入育苗池或孵化池。

2. 孵化和布幼：亲蟹数量控制在每 10 m³～15 m³ 水体 1 只～2 只；布幼密度：孵化池内的中上层幼体密度控制在每立方米水体 1.2 万尾～1.5 万尾；育苗池原池孵化控制在每立方米水体 1.5 万尾～2.0 万尾。水温控制在 20℃～24℃。

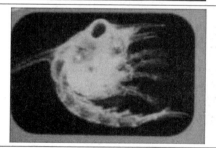

3. 幼体培育：（1）溞状幼体。Z_1 期～Z_4 期水温控制在 20℃～26℃，日温差不超过 1℃。Z_1 期投喂金藻、角毛藻、小球藻、云微藻等单胞藻和轮虫，藻类密度每毫升 20×10⁴ 个～30×10⁴ 个，轮虫日投喂量控制在幼体数量的 50 倍～100 倍；Z_2 期开始投喂卤虫无节幼体，辅以桡足类，日投喂量控制在幼体数量的 20 倍～30 倍；Z_3 期后可适当添加贝、虾等肉糜。Z_1 期～Z_2 期以添水为主，Z_3 期～Z_4 期日换水 20%～30%，Z_4 期后，换水不能改善水质时，可进行移池和分池。

（2）大眼幼体。在池内设置网片和牡蛎壳等隐蔽物，培育温度 24℃～26℃，日温差不超过 1℃，日换水量 50%。投喂鱼糜、蛋羹、桡足类和卤虫成虫，投饲量视幼体摄食情况确定，少量多次，日投喂 4 次以上。饲料质量应符合 GB 13078 和 NY 5072 规定。

（3）仔蟹期。C_1 后逐渐降低温度至放养水温，换水量控制在 100%，投饲管理同大眼幼体。

图 A.1

三、池塘生态育苗

1. 池塘准备:育苗前 10 d～15 d 须进行清淤整池,排幼前 5 d～7 d 进水 1.0 m 消毒水体,开增氧机 10 min。有条件的可采用薄膜铺底,隔断敌害生物。

2. 培水肥水:施生物有机肥培养基础饵料,使水色呈现黄绿色或黄褐色,并视水色情况适量注水或追肥。

3. 孵化布幼:挑选卵色相近的亲蟹放在同一池塘中,每亩吊挂亲蟹笼 5 只～8 只,每笼放亲蟹 1 只。每隔 2 h 开增氧机 20 min,24 h 检查排幼情况,幼体密度控制在每 667 m² 3 000 万尾。

4. 幼体培育:

(1)饲料投喂。Z_1 期～Z_2 期投喂螺旋藻粉或虾片、活体轮虫等,用 150 目筛绢网袋搓洗;Z_3 期少量投喂卤虫无节幼体,加经 100 目筛绢网袋搓洗的鱼糜、鱼浆及虾片;Z_4 期混入少量桡足类和卤虫成虫。M 期改投鱼糜、蛋羹、桡足类和卤虫成虫。日投喂 4 次以上。

(2)水质控制。培育用水要沉淀消毒培肥,经 120 目双层筛绢过滤。Z_1 期～Z_3 期以加注新水为主,每次 10 cm～20 cm;Z_4 期每天换水 1 次,每次 30 cm～50 cm;M 期视池塘水色决定换水的次数和数量。

四、苗种出池及运输

1. 规格:仔蟹 C_1 期～C_3 期,规格 2.0×10^4 只/kg 左右,蟹壳变硬后出池。

2. 运输:采用 40 cm×40 cm×70 cm 的双层聚乙烯苗袋充氧、塑料桶充气水运或苗箱干运等方法;动作轻柔,防止伤残;最好早晚运输,防止曝晒和雨淋。

五、苗种质量要求

1. 外观:体型正常、体表光洁、甲壳硬实、肢体完整、个体健壮、爬行迅速、无杂质,同批蟹苗要求规格整齐。

2. 可数指标:(1)小规格苗种(Ⅱ期以下,0.4 cm～0.8 cm),规格合格率 ≥95%,伤残率≤3%,杂质≤3%;(2)大规格苗种(Ⅲ期以上,0.81 cm～3 cm),规格合格率≥96%,伤残率≤1%,杂质≤1%。

3. 质量安全指标:(1)微孢子虫病、白斑综合征病毒不得检出;(2)硝基呋喃类代谢产物、孔雀石绿、氯霉素等国家禁用药物不得检出。

图 A.1（续）

DB3302

宁 波 市 地 方 标 准

DB3302/T 058—2007

无公害三疣梭子蟹　土池育苗技术规范

2007-04-01 发布　　　　　　　　　　　　　2007-04-01 实施

宁波市质量技术监督局 发布

前　言

本标准为首次提出。
本标准由宁波市海洋与渔业局提出并归口。
本标准起草单位：宁波大学。
本标准主要起草人：顾晓英。

无公害三疣梭子蟹　土池育苗技术规范

1　范围

本标准规定了三疣梭子蟹(*Portunus trituberculatus* Miers)土池育苗的场址选择、基础设施、育苗前的准备、种蟹的选择及暂养、孵幼、苗种培育、蟹苗捕捞等技术。

本标准适用于三疣梭子蟹土池育苗的生产和销售。

2　规范性引用文件

下列文件中的条款通过本部分的引用而成为本部分的条款。凡是注日期的引用文件,其随后所有的修改单(不包括勘误的内容)或修订版均不适用于本部分,然而,鼓励根据本部分达成协议的各方研究是否可使用这些文件的最新版本。凡是不注日期的引用文件,其最新版本适用于本部分。

GB 11607—1989　渔业水质标准。

GB/T 18407.4—2001　农产品安全质量　无公害水产品产地环境要求

GB 13078　饲料卫生标准

NY 5052　无公害食品　海水养殖用水水质

NY 5071　无公害食品　渔用药物使用准则

3　术语和定义

下列术语和定义适用于本标准。

3.1　大眼幼体　megalopa

大眼幼体又称蟹苗,是由第Ⅳ期溞状幼体蜕皮变态而成,有极强趋光性。

3.2　仔蟹　juvenile crab

大眼幼体经第一次蜕皮变态成蟹形,称第Ⅰ期仔蟹;经第二次蜕皮,称第Ⅱ期仔蟹,以此类推。

4　场址选择

4.1　水源

进排水方便,水质应符合 GB 11607—1989、NY 5052 的要求。

4.2　位置

交通便利,排水方便。

4.3　土质

土质以泥沙质为好,同时应符合 GB/T 18407.4—2001 的要求。

4.4　电力设备

每 667 m² 育苗池配 0.6 kW～0.8 kW。

5　基础设施

5.1　育苗池

池形以正方形、圆角为好,呈"非"字形排列,面积 334 m²/只～667 m²/只,池深 1.5 m～1.8 m,水位 1.2 m 以上,池沟略向排水口倾斜。

5.2　种蟹暂养池

利用育苗池作为种蟹暂养池。

5.3 蓄水池

蓄水量为总育苗水体的 1/3 以上。

5.4 进排水设施

从蓄水池到各育苗池采用明渠或 PVC 管进水,明渠须铺塑料薄膜或砌砖;PVC 管直径 130 mm～150 mm。

排水管采用 PVC 管,用木塞或软管封口,排水沟低于育苗池底 40 cm～80 cm。

5.5 塘埂

塘埂面宽 2 m～4 m,坡比 1：1。

5.6 卤虫孵化池

卤虫孵化池一般为砖砌水泥池,每只以 2 m³～4 m³ 为宜,圆角、漏斗型底。用塑料薄膜保温,配备充气设施。每 667 m² 育苗池需配卤虫孵化池 1.5 m³～2 m³。

6 育苗前的准备

6.1 土池整修

育苗前对育苗池进行夯实、整修,保持内坡面平整,新塘要进水试漏。

6.2 清塘、消毒

在产卵孵幼前 15d,每 667 m² 用 50 kg～75 kg 的生石灰和 50 kg 茶籽饼分别对育苗池清塘、消毒,育苗池进水前 1 d～2 d,每 667 m² 用 10 kg 的漂白粉再次消毒。

6.3 设备的安装、调试

在育苗前对水泵、增氧机、气泵等设施均要安装、试用。

6.4 蟹笼准备

采用塑料篓或竹编篓。塑料篓规格:40 cm×40 cm×40 cm;竹篓规格:篓腹直径 40 cm,底部和入口直径 20 cm,入口处配内陷盖;蟹篓孔径不得超过 0.5 cm。

7 种蟹的选择与暂养

7.1 种蟹选择标准

种蟹要求健壮、活力好、无断残肢、抱卵饱满,只重 250 g 以上。按每 667 m² 育苗池配备 8 只～10 只种蟹。

7.2 选购时间

选购时间为每年的 3 月中下旬。

7.3 暂养池消毒

种蟹暂养前 15d,按 6.2 方法进行消毒。

7.4 暂养

每只蟹笼放一只种蟹,吊挂在暂养池内。投喂的饵料以缢蛏、菲律宾蛤仔等小型贝类为主,投喂时间为每天傍晚,投饵量一般为每只种蟹 2 粒～3 粒(以每天的实际食量调整),3 d～5 d 换水 1/3～1/2。

8 孵幼

8.1 基础饵料培育

在孵幼前 2 d～4 d,育苗池进水,用 120 目筛绢过滤,水位 0.9 m～1.0 m,用 10 mg/L～15 mg/L 漂白粉消毒水体,约 48 h 后(以余氯完全消失为准),每 667 m² 用 2 kg～3 kg(以干豆计)豆浆发塘,如水质较瘦,每 667 m² 可追施尿素 2 kg～3 kg。

8.2 布幼

抱卵蟹经过 20 d～30 d 的饲养,当胚胎心跳 160 次/min 以上时,收集所有种蟹,先用清洁海水清洗,然后采用 20 mg/L 新洁尔灭浸泡 40 min 或用 15 mg/L 高锰酸钾溶液浸泡 20 min～40 min,消毒后的抱卵蟹放入育苗池集中孵幼。每 667 m³ 水体布幼 500 万尾～2 000 万尾,密度合适后马上移入下一口育苗池,同步布幼。

9 幼体培育

9.1 饵料品种与投喂

9.1.1 溞状Ⅰ期

溞状Ⅰ期每天投饵 2 次～3 次,以活体轮虫、螺旋藻粉、虾片、蛋黄、豆浆混合投喂,代用饵料每次用量为 1 mg/L～2 mg/L,活体轮虫按育苗池中的数量加以补充,一般每天早上补充 1 次。

9.1.2 溞状Ⅱ期

溞状Ⅱ期后期开始投喂卤虫无节幼体,每天早上投喂 1 次;此期饵料仍以蛋黄、虾片等代用饵料为主,日投饵总次数 3 次～4 次。

9.1.3 溞状Ⅲ期～溞状Ⅳ期

溞状Ⅲ期～Ⅳ期每天投饵 4 次～5 次,以卤虫无节幼体为主,投饵量以 0.5 h～1 h 吃完为宜,适量补充代用饵料(每天 1 mg/L～2 mg/L)。

9.1.4 大眼幼体期～第Ⅰ期仔蟹

大眼幼体期以卤虫无节幼体为主,投饵量以 0.5 h～1 h 吃完为宜,增投卤虫成虫(冰鲜)、鱼粉、鱼糜、虾皮粉等。Ⅰ期仔蟹则全部采用冰鲜卤虫。

所投喂的饲料应符合 GB 13078 的要求。

9.2 水质管理

9.2.1 水质要求

育苗期水质总体要求为:溶解氧≥5 mg/L,氨氮≤0.4 mg/L,pH7.8～8.5,盐度 16～34。水色以茶绿色、黄褐色为好。

9.2.2 换水

育苗水质控制可采用两种方式:一是"一次进水、少量补水",即整个育苗期间不大量进排水,如有渗漏和蒸发使水位下降,适量添水;二是"分次加水、少量换水",即育苗开始时水位控制在 90 cm 左右,从溞状Ⅲ期起逐渐向育苗池注水,每天添加消毒后清洁水 7 cm～10 cm,加满后每天换水 7 cm～10 cm 直至出苗。两种方法均必须做到一次添、换水量不超过育苗水体的 25％,换水前后水温差不能超过±2℃。

9.3 日常管理

每天检查幼体的生长发育情况,勤开增氧机,防止幼苗搁浅、集群和局部缺氧。防止漏水、漏苗,捕捉弹涂鱼、青蛙等敌害生物。冷空气来临时适当加高水位,防止温差变化过大。

9.4 病害防治

防病及水质处理药物应符合 NY 5071 的要求。

10 捕捞

10.1 捕捞时间

大眼幼体变态为Ⅰ期仔蟹后 36 h 以上即可捕捞出售。

10.2 方法

采用灯光诱捕法。以 200 W 白炽灯为光源,外配灯罩,放置在池塘四周,诱捕时间为 19:00～

22:00,用平底捞网捞入大塑料盆内。

10.3 包装与运输

　　塑料袋充氧运输。采用双层塑料袋,内装洁净海水 2.5 kg,放入适量附着物(网片、棕榈丝、新鲜浒苔等),每袋放苗 50 g～100 g。运输过程注意避免太阳曝晒(晴天早晚或阴天白天较好),并随时注意塑料袋是否漏气和损坏。

ICS 65.150
B 52

中华人民共和国水产行业标准

SC/T 1099—2007

中华绒螯蟹人工育苗技术规范

Technical Specifications of Artificial Propagation for
Chinese Mitten-handed Crab

2007-09-14 发布　　　　　　　　　　　2007-12-01 实施

中华人民共和国农业部 发布

前　言

本标准的附录 A、附录 B 为规范性附录。

本标准由中国人民人和国农业部渔业局提出。

本标准由全国水产标准化技术委员会淡水养殖分技术委员会归口。

本标准主要起草单位：安徽省标准化研究院、江苏省淡水水产研究所、淮海工学院海洋学院。

本标准主要起草人：陈萍、阎斌伦、程坚、李跃华、万全、程庆雨、张士胜。

中华绒螯蟹人工育苗技术规范

1 范围

本标准规定了中华绒螯蟹(*Eriocheir sinensis* H. Milne-Edwards)(以下称河蟹)天然海水土池人工育苗和工厂化人工育苗场地建设、亲蟹选择、幼体培育和淡化等技术。

本标准适用于天然海水土池人工育苗及工厂化人工育苗。

2 规范性引用文件

下列文件中的条款通过本标准的引用而成为本标准的条款。凡是注日期的引用文件,其随后所有的修改单(不包括勘误的内容)或修订版均不适用于本标准,然而,鼓励根据本标准达成协议的各方研究是否可使用这些文件的最新版本。凡是不注日期的引用文件,其最新版本适用于本标准。

GB 11607 渔业水质标准

GB 13078 饲料卫生标准

GB/T 18407.4 农产品安全质量 无公害水产品产地环境要求

GB/T 19783 中华绒螯蟹

NY 5051 无公害食品 淡水养殖用水水质

NY 5052 无公害食品 海水养殖用水水质

NY 5071 无公害食品 渔用药物使用准则

SC/T 1078 中华绒螯蟹配合饲料

3 天然海水土池人工育苗

3.1 条件与设施

3.1.1 地点选择

环境条件应符合 GB/T 18407.4 的要求,建设在海、淡水水源方便,水质清新、无污染、有独立的进排水系统,交通便利的地方。

3.1.2 池形和面积

以东西向为长边,南北向为短边的长方形为宜,面积为 $500m^2 \sim 5\,000m^2$。

3.1.3 防逃设施

防逃设施可用钙塑板、玻璃钢、白铁皮和水泥抹面砖墙等建造,防逃墙高度为 0.6m 以上。

3.1.4 水池深度

水池的深度为 0.8m~1.5 m,池埂坡比 1∶2~1∶3。

3.1.5 水质

水源水质应符合 GB 11607,养殖水质应符合 NY 5051 和 NY 5052 的规定。

3.1.6 土质

应符合 GB/T 18407.4 的规定,以黏壤土为宜,如池底淤泥深度大于 15cm,需清除并曝晒(7~14)d。

3.1.7 其他

每 667 m² 池子配备一台 1kW 水车式增氧机或者增氧泵和相关配件,另配抽水机械。

3.2 亲蟹选择、培育及交配

3.2.1 选择

从由渔业行政主管部门发证的原种场引进亲蟹,亲本来源清楚。亲蟹种质应符合 GB/T 19783 的要求,雌蟹体重不小于 125g,雄蟹体重不小于 150g,雌、雄比为 2:1～3:1,亲蟹的选留宜在立冬前进行。

3.2.2 强化培育

亲蟹在淡水中进行培育,雌、雄蟹分池培育,放养密度为 1 只/m²～3 只/m²。以鱼、蚌肉等鲜活饵料为主,辅以少量南瓜、山芋、马铃薯、黄豆等植物性饵料或者配合饲料。饲料质量应符合 GB 13078 和 SC/T 1078 的要求。投饵量为体重的 25%～5%,其中动物性饵料占 60%～70%,在培育过程中保持水质清新。

3.2.3 交配

交配池面积 500m²～1500m²,水深 1.0m～1.5 m,池底为沙壤土。在 12 月至翌年 3 月,当水温 7℃～12℃、水盐度大于 16 时,放入雌、雄比为 1.5:1～2.5:1、密度为 5 只/m²～8 只/m² 的亲蟹。人工育苗环境要求见附录 A。

3.2.4 抱卵蟹培育

80% 以上雌蟹抱卵后,应剔除雄蟹,进行抱卵蟹培育,此时放养密度为 2 只/m²,投喂鱼、蚌肉等鲜活饵料,每 3d～4d 加注新水一次,水中溶解氧应大于 6mg/L。

3.3 溞状幼体培育

3.3.1 育苗池的准备

育苗池在使用前 10d～15d,用生石灰溶水后全池泼洒,生石灰用量每 667m² 为 150kg～160kg。经清塘消毒后的育苗池在大潮时进水,依次用规格 8 孔/cm、24 孔/cm～32 孔/cm、48 孔/cm～80 孔/cm 三层筛绢网过滤。

3.3.2 饵料生物培育

溞状幼体以摄食单细胞藻类、轮虫、枝角类、桡足类和卤虫无节幼体为主,在溞状幼体出膜前 7d～15d 施肥培育天然饵料。培育方法见附录 B。

3.3.3 布苗

布苗时间根据蟹卵的发育情况确定,每天检查胚胎发育情况。蟹卵呈灰白色、镜检胚胎心跳 150 次/min～180 次/min 时,将胚胎发育一致的抱卵蟹装篓排幼。蟹篓可用竹篓或者塑料编织带篓,直径 45cm～55cm,每篓放抱卵蟹 15 只～20 只,布幼密度为 2 万只/m³～5 万只/m³。

3.3.4 饵料投喂

以天然饵料为主。当天然饵料缺乏时,应采取人工投饵,可全池泼洒豆浆,结合投喂螺旋藻粉,每天每 667m² 水面用黄豆 1.0kg～1.5kg。如不培育天然饵料,可参照温室人工育苗投喂。

3.3.5 水质管理

溞状幼体在 Z_1 期～Z_3 期(Ⅰ期简称 Z_1 期,Ⅱ期简称 Z_2 期,Ⅲ期简称 Z_3 期,Ⅳ期简称 Z_4 期,Ⅴ期简称 Z_5 期)以加水为主,只少量排水或者不排水,Z_3 期后开始换水,每天换水 1/5～1/10,可使用光合细菌或者其他水质调节剂,水体 pH 为 7.5～8.5,盐度为 18～30。

3.3.6 防病

育苗期间调控好水质,坚持以防为主,药物使用应符合 NY 5071 的要求。

3.4 淡化出池

3.4.1 淡化

Z_5 期变为大眼幼体时即可实施淡化,逐步加入低盐度的海水或者淡水,使育苗水体盐度每天下降

3～5,淡化时间为 4d～6d,最后盐度达到 5 以下。

3.4.2 出池

大眼幼体第 5d～6d 即可开始捕捞,晚间在池边一角安一电灯,距水面 50 cm 左右,蟹苗逐渐聚集在灯下,用抄网捞出。

4 天然海水工厂化人工育苗

4.1 亲蟹选择、培育及交配

按 3.2 执行。

4.2 室内抱卵蟹培育

培育池为室内水泥池,池中用芦席、蒲包和砖瓦等筑人工蟹巢,放养密度为 10 只/ m²～20 只/ m²,进入室内后在自然温度下先适应 2d～3d,后逐步升温,每天升 0.5℃～1.0℃,最后水温控制在 16℃～18℃。升温后每天早晚定点各投饵一次,投饵量为体重的 1.5%～5.0%,及时清除残饵。培育期间要保持水质清新,溶解氧在 6mg/L 以上。每天换水一次,换水量为 30%～80%,换水温差在±1℃范围,3d～5d 清池底一次。

4.3 溞状幼体培育

4.3.1 育苗厂房和育苗池

育苗厂房应有良好的保温效果,育苗池面积 20m²～50m²,有独立的海水、淡水进排水系统。

4.3.2 设备系统

4.3.2.1 电源系统

配备有稳定供电系统,在育苗期间不得停电。并要自备发电机组,功率应大于育苗厂电力设备总功率的 10%～20%。

4.3.2.2 加温系统

每个 1 000 m³ 水体育苗厂房要配备一台 1t～2t 的锅炉及配套的管道系统。在育苗期间,水温控制在 20℃～25℃之间。

4.3.2.3 加温系统

增氧充气系统配备 2 台～3 台风压为 0.3 MPa～0.5 MPa 的罗茨鼓风机及配套的管道和散气石,散气石密度为 1 个/ m²～2 个/ m²,保持 24h 不间断充气。

4.3.2.4 饵料系统

包括藻类和轮虫培养及卤虫孵化设备。卤虫孵化采用工厂化生产,使用孵化设备和加温装置,卤虫卵的孵化应在 25h～36h 内完成。

4.3.2.5 水质分析系统

应配备分析水体的 pH、溶解氧、盐度、"三态氮"、重金属等参数的仪器和设备。

4.3.3 布苗

镜检胚胎心跳 140 次/min～180 次/min 时,将胚胎发育基本一致的抱卵蟹挂笼排苗,布苗密度为15 万只/m³～25 万只/m³。也可采取分段密度管理的方式,布苗时高密度,随着发育的进程分池,逐步降低苗密度。Z_3、Z_4 阶段分池,密度为 10 万只/m³～15 万只/m³,培育至大眼幼体出苗。

4.3.4 培育时间

水温在 20℃～25℃时,溞状幼体培育出池需要 22d 左右。

4.3.5 饵料的种类

饵料分植物性、动物性和人工饵料。植物性饵料有三角褐指藻、扁藻、新月菱形藻和小球藻等单细胞藻类;动物性饵料有轮虫、沙蚕幼体和卤虫无节幼体等;人工饵料有微囊配合饲料、蛋黄、螺旋藻粉、豆浆、白蛤肉浆、蛋羹和鱼肉浆等。

4.3.6 饵料的投喂

4.3.6.1 Z_1 期

开口饵料为三角褐指藻、扁藻、新月菱形藻、小球藻等单细胞藻类、轮虫和卤虫的膜内幼体。在布幼前7d～15d应培养天然饵料,培养方法见附录B。单细胞藻的数量为 $20×10^4$ cell/mL～ $30×10^4$ cell/mL,轮虫数量为8个/mL～10个/mL,卤虫膜内幼体1个/mL～2个/mL,每4h～6h投喂一次。如果是清水育苗,每3h投喂一次。饵料缺乏时可投喂蛋黄、螺旋藻粉、微囊配合饲料等人工饵料,每100万 Z_1 期投喂熟蛋黄0.5个～1个。

4.3.6.2 Z_2 期

饵料种类和 Z_1 期基本相同,投喂量增加。单细胞藻的数量为 $10×10^4$ cell/mL～ $20×10^4$ cell/mL,轮虫数量为8个/mL～15个/mL,卤虫膜内幼体4个/mL～5个/mL。饵料不足时辅助投喂人工饵料。

4.3.6.3 Z_3 期

能主动摄食以卤虫无节幼体、轮虫等动物性为主的饵料。投喂单细胞藻的数量为 $10×10^4$ cell/mL～ $15×10^4$ cell/mL,轮虫数量为15个/mL～20个/mL,卤虫幼体5个/mL～8个/mL。辅以蛋黄、螺旋藻粉和微囊配合饲料,每隔3h～4h投喂一次。

4.3.6.4 Z_4 期

能摄食更大个体的卤虫无节幼体、枝角类、桡足类等动物性饵料。每2h～3h投喂一次,单细胞藻的数量为 $8×10^4$ cell/mL～ $10×10^4$ cell/mL,轮虫数量为10个/mL～15个/mL,卤虫幼体5个/mL～10个/ mL。可辅助投喂鱼浆、蛋羹和微囊配合饲料。

4.3.6.5 Z_5 期

第一天至第二天的摄食量最大,变态前数小时摄食量下降,每2h投喂一次,保持溞状幼体与卤虫比例为1∶10。

4.3.6.6 大眼幼体

主要投喂鲜活的卤虫幼体、桡足类、枝角类,或用人工饵料,应少量勤投,避免饵料过量沉入池底。

4.4 水质管理

4.4.1 水质控制指标

pH7.5～8.5,溶解氧大于6mg/L,水温20℃～25℃,氨态氮小于3mg/L,亚硝态氮小于0.1mg/L,盐度12～30。

4.4.2 换水

Z_1 期保持水质的相对稳定,每天向池中加水10 cm～15cm; Z_2 期时开始换水,每天换水量为原水体的1/4左右,每天1次; Z_3 期加大换水量,每天换水量1/3～1/2,每天1次～2次; Z_4 期时每天换水100%,每天换水2次;大眼幼体时每天换水100%～200%,每天2次。

换水时池底应有专用排水道和配套的防逃筛绢网,筛绢孔径在 Z_1 期、 Z_2 期时用48孔/cm, Z_3 期时用32孔/cm, Z_4 期时用24孔/cm, Z_5 期时用16孔/cm,大眼幼体时用8孔/cm。

4.4.3 虹吸排污

采用虹吸排污方法排除污染物。

4.4.4 倒池

在换水、吸污都不能有效控制水质的情况下,用拉网、虹吸方法迅速将苗体转入另一个水质良好育苗池。

4.4.5 水质改良剂的使用

在育苗过程中,可以使用光合细菌和其他水质改良剂。

4.5 病害防治

避免从河蟹病害疫区选择亲蟹,亲蟹入池时进行消毒,同时对蓄水池、培育池和使用工具进行消毒。消毒用药物和治疗使用的药物应符合 NY 5071。

4.6 淡化出苗

4.6.1 淡化用水

采用天然河、湖、库水和地下淡水,水质符合 NY 5051,对深井水要预先进行充分暴气。

4.6.2 淡化方法

在 Z_5 期溞状幼体转变态为大眼幼体的第二天至第三天开始进行,初时每天盐度可降 3～4,当盐度淡化到 8～9 以下时,每天降盐度 1～2、淡化 2 次～4 次。淡化过程需要 4 d～5 d 完成。在淡化的过程中,逐步降低水温,淡化结束时育苗池水温应与外界水温一致。

4.6.3 出苗

大眼幼体应在 7 日龄以上,盐度不大于 5。可在晚上利用灯光诱集、捞苗。

附　录　A

（规范性附录）

中华绒螯蟹交配、胚胎发育、育苗环境要求

A.1　交配时间、温度和盐度

适宜交配时间为 12 月至翌年 3 月，水温 7℃～12℃，盐度 10～33，以 16～24 为宜。

A.2　胚胎发育

A.2.1　升温加快胚胎发育

每天升温 0.5℃～1.0℃，保持水温在 14℃，胚胎可在 47d～49d 完成发育全过程，孵化出膜。

A.2.2　低温推迟孵幼时间

使抱卵蟹长期处于 12℃ 以下低温条件，则孵幼时间可比正常情况下推迟 1 个～2 个月。

A.2.3　控制出苗时间

控制在 5 月上、中旬出苗，应建立低温保种室，用制冷机组控温在 8℃～12℃，到 5 月份再升温。

A.3　育苗环境要求

A.3.1　水质

符合 GB 11607 和 NY 5052 要求。

A.3.2　其他指标要求

主要有水温、盐度、光照、溶解氧、pH、氨态氮、亚硝态氮、硫化氢和锌离子等指标（见表 A.1）。

表 A.1　分级指标

项目	水温℃	盐度	光照 lx	溶解氧 mg/L	pH	氨态氮 mg/L	亚硝态氮 mg/L	H_2S	Zn^{2+} mg/L
指标	20～25	适宜 10～33 最佳 16～24	4 000～10 000	≥6	适宜 7.0～9.0 最佳 7.5～8.5	≤3	≤0.1	不得检出	≤0.1

A.4　大眼幼体出池温度

水温应在 18℃ 以下。

附　录　B

（规范性附录）

天然饵料生物培育

B.1　单胞藻类培养

B.1.1　藻种培养

培养容器为 100 mL～500 mL 的三角烧瓶,洗净并煮沸消毒,加入配制的培养液 50 mL～300 mL,加热灭菌,冷却后接入购买或分离的藻种,用消毒棉花团或纱布、消毒纸扎好培养。培养液配方为：

硝酸铵	NH_4NO_3	0.1 g
磷酸氢二钠	Na_2HPO_4	0.01 g
硅酸钠	Na_2SiO_3	0.01 g
柠檬酸铁	$FeC_6H_5O_7$	0.001 g
煮沸后冷却海水		1 000 mL

B.1.2　藻类培养条件

盐度 18～33,水温 20℃～30℃,光照 6 000 lx～15 000 lx,pH7.5～8.5。

B.1.3　藻种扩大培养

用小水泥池、水族箱、玻璃钢水槽等为培养池,将已培养好的藻种,逐步扩大接种,容积约占培养池的 5%～10%,按照 1:2～1:5 接种培养,藻类密度为 $60×10^4 cell/mL～1 000×10^4 cell/mL$。

B.1.4　生产性培养

室内水泥池为培养池,面积 5 m²～20 m²,水深 1 m,培养池用 100 mg/L 漂白粉刷洗消毒,注入经严格过滤和消毒的海水,再将营养盐加入池中,接入藻种,比例为 1:(5～10)。

每 1 000mL 海水的营养盐配方为：

硫酸铵	$(NH_4)_2SO_4$	0.04 mg
磷酸氢二钾	K_2HPO_4	0.004 mg
硅酸钠	Na_2SiO_3	0.001 mg
氯化铁	$FeCl_3$	0.000 1 mg

B.1.5　采收

用小水泵插入培育池吸取,每次采收 30%～50%,余下的继续培养。

B.2　轮虫培养

B.2.1　培养设施

用面积为 10 m²～50 m²,水深 1.2 m 的水泥池,内附设加温、充气设施,散气石密度每 4 m²～5 m² 一个。

B.2.2　培育前准备

培育池使用前要严格消毒、清池,消毒药物可用高锰酸钾、漂白粉和强氯精等,药物符合 NY 5071,待药性消失后加入经过滤、消毒的海水,接种并施肥培育单胞藻,当单胞藻达到一定密度时接种轮虫。

B.2.3　培养管理

适宜温度为 25℃～30℃,盐度 15～25,密度 800 个/mL～1 200 个/mL。在高密度培育时,应用散气石充气,根据水质情况适当换水。

B.2.4 收获

经 5 d～7 d 的培养,当轮虫密度达到 400 个/mL～800 个/mL 时,可一次性采收。用 40 孔/cm 筛绢做成网箱,采用虹吸法或放水法收集,洗净后使用。

B.3 卤虫卵孵化

B.3.1 孵化设备

B.3.1.1 孵化容器

采用容积 1 m³～5 m³ 的圆锥形水泥孵化池、或玻璃钢孵化器、或面积为 2 m²～10 m² 的长方形水泥池,底部和池角接合处呈圆弧形。

B.3.1.2 加温设备

孵化容器中设置加热管道,大规模生产需要锅炉加温。

B.3.1.3 充气设施

用罗茨鼓风机或充气泵,使卵粒悬浮在水中。

B.3.2 卤虫卵的选购

选用优质卤虫卵,孵化率可达到 80%～90%。沿海收集的卵应选择无砂盐粒、无臭味、手摸无潮湿感、卵粒饱满而有光泽,孵化率一般在 50% 左右。

B.3.3 孵化方法

B.3.3.1 孵化密度

孵化密度为 1.5 g/L～3 g/L。

B.3.3.2 卤虫卵的消毒

在冷库中保存的卵需要解冻 48 h～55 h,孵化前将卤虫卵用水浸泡 1 h～2 h,并加漂白粉至浓度 150 mg/L～200 mg/L 或加强氯精至浓度 10 mg/L～15 mg/L 进行消毒。将浸泡好的卵清洗后,用 56 孔/cm 的筛绢网过滤收集后孵化。

B.3.3.3 孵化条件

温度 25℃～30℃,盐度 20～35,pH8～9,溶解氧大于 3 mg/L,时间约 36 h～45 h。

B.3.3.4 卵壳分离及使用

分离时停止充气 10 min～25 min,卵壳浮在上面,除去卵壳和未孵化的死卵、泥沙,分离后的无节幼体即可用于投喂。

DB2111

盘锦市农业技术标准技术规范

DB2111/T 0033—2006

盘锦河蟹土池生态育苗技术规范

2006-06-02 发布　　　　　　　　　　2006-06-28 实施

盘锦市质量技术监督局 发布

前　言

为了提高河蟹土池生态育苗技术,提高养殖成活率,形成规模化河蟹土池生态苗产量,特提出本技术规范。

本规程由盘锦市计量技术监督局提出。

本规程起草单位:盘锦光合水产有限公司。

本规程由盘锦光合水产有限公司解释。

本规程起草人:张文学、刘谞、郑岩。

盘锦河蟹土池生态育苗技术规范

1 范围

本标准规定了盘锦河蟹土池生态育苗技术规范的环境条件和设备设施要求,制定了亲蟹培育、蟹苗室外土池培育和室内淡化的技术条件。

本标准适用于以辽河水系为水源的盘锦河蟹土池生态育苗技术规范。

2 规范性引用文件

下列文件中的条款通过本标准的引用而成为本标准的条款。凡是注日期的引用文件,其随后所有的修改单(不包括勘误的内容)或修订版均不适用于本标准,然而,鼓励根据本标准达成协议的各方研究是否可使用这些文件的最新版本。凡是不注日期的引用文件,其最新版本适用于本标准。

GB 11607　渔业水质标准

GB/T 1840.4　农产品安全质量　无公害水产品产地环境要求

NY 5051　无公害食品　淡水养殖用水水质

NY 5052　无公害食品　海水养殖用水水质

NY 5071　无公害食品　渔用药物使用准则

3 术语和定义

3.1 交尾

河蟹育苗过程中,将分别暂养的雌雄亲蟹放在交尾池中让其自行交配的过程。

3.2 溞状幼体

河蟹幼体发育的一个阶段因其形态似水溞而得名。溞状幼体根据其蜕皮龄期分为 1 期～5 期,通常用 Z_1 期～Z_5 期表示,Z_5 期再经过一次蜕皮后变态成为大眼幼体。

3.3 大眼幼体

Z_5 期蜕皮后成为大眼幼体,其显著特点是一对着生在眼柄上的复眼相对其身体来说比较大,所以人们形象得称之为大眼幼体。大眼幼体经过淡化,适应淡水生活后即是通常所说的蟹苗。

3.4 育胚

亲蟹越冬后,需要对其进行强化培育,通过加强投喂的方式,促进河蟹受精卵的发育,这一过程称作育胚。

3.5 淡化

通过换水的方式降低大眼幼体生存环境盐度,使之过渡到纯淡水的过程。

4 环境条件

4.1 场地条件

河蟹土池生态育苗,亲蟹培育和育苗生产的场所应选择远离污染源,交通方便的地区。环境应符合 GB/T 1840.4 的规定。

4.2 水质条件

水源符合 GB 11607 的规定,育苗用海水应符合 NY 5052 的规定,淡化用水应符合 NY 5051 的规定。

5 药物使用

河蟹土池生态育苗中使用漂白粉、敌百虫等药物,用法与用量符合 NY 5071 渔用药物使用准则。

6 设备设施

要求配套苗种生产池塘、饵料池、海水沉淀池、淡水池和能够进行工厂化育苗生产的淡化车间 。

7 亲蟹培育

7.1 亲蟹的收购

7.1.1 收购时间

9 月 10 日左右。

7.1.2 亲蟹标准

要求异地选购,雌蟹 100 g 以上,雄蟹 150 g 以上。

要求个体规格整齐、体质健壮、无病害发生、肢体无损伤、腹肢齐全,体色青绿,腹白,蟹体表面无寄生虫或其他附着物,性腺发育良好。

7.2 亲蟹的暂养

7.2.1 暂养池

1 334 m^2～6 670 m^2 以内为宜,水深要能达到 1m 以上。

7.2.2 暂养前准备

暂养池使用前要求彻底清淤。

亲蟹收购前 7 d 暂养池进淡水完毕,并用漂白粉(有效氯含量 28％以上)20 mg/kg～40 mg/kg 全池处理。

暂养池四周以竹竿为骨,围以尼龙布设置防逃设施,尼龙布在地面的高度要达到 40 cm 以上。

7.2.3 暂养密度和比例

暂养密度 1.5 只/m^2～3.75 只/m^2(1 000 只/667m^2～2 500 只/667m^2),具体根据池塘和水质条件决定。

雌雄比例为 2.5：1,雌雄亲蟹分开暂养。

7.2.4 暂养管理

亲蟹入池后投喂新鲜野杂鱼、蛤仔或其他蛋白含量较高的饵料,观察投喂,根据亲蟹摄食情况决定投饵量。一直到由于温度低亲蟹不再摄食时为止。

暂养期间经常换水,换水后,视水质情况用 5 mg/kg 的漂白粉消毒,每次换池水的 1/3～1/2,10 d～15 d 一个循环。

暂养前期 10 d 内测定一次性腺比,后期交尾前根据需要适当增加次数。

7.3 交尾

7.3.1 交尾前准备

交尾池可以是暂养池,也可以是专用池,交尾池要求同暂养池。使用前要彻底清淤,并设置防逃设施。

专用交尾池海水在使用前用 20 mg/kg～40 mg/kg 漂白粉处理,待水中余氯消失后方可使用。

交尾用海水盐度控制在 15～30。

7.3.2 交尾时间的确定

根据性腺比和水温确定交尾时间。

第一性腺占蟹体重超过 10％,3 d 内平均水温低于 20℃时就可交尾;3 d 平均水温低于 15℃,不论性腺比是什么程度,都必须交尾。

7.3.3 交尾密度和比例

交尾密度 1.5 只/m²～3.75 只/m²(1 000 只/667m²～2 500 只/667m²)。

交尾雌雄比例为 2.5：1。

7.3.4 交尾结束

抱卵蟹占雌雄比例达 90％以上时,将抱卵蟹起入越冬池越冬。

抱卵蟹占雌蟹比例未达到 90％,但最近 3 d 的平均水温低于 7℃时,必须将抱卵蟹起入越冬池越冬。

7.4 亲蟹越冬

7.4.1 越冬池

越冬池的防逃设施安置同暂养池。

7.4.2 越冬池水处理

越冬池水盐度与交尾池保持基本一致,盐度差不超过 7,在抱卵蟹入池前一个 7 d 左右用 20 mg/kg～40 mg/kg 漂白粉消毒处理。

7.4.3 越冬密度

1 000 只/667m²～2 500 只/667m² 左右,视池塘大小及水质情况而定。

7.4.4 投喂

饵料为小杂鱼,日投喂量为河蟹体重的 0.5％～1％,第二天观察时不可使池中有剩饵。

7.4.5 封冰后的管理

每天测溶氧,溶氧低于 5 mg/L 时,需采取补数措施。补救措施有换入高溶氧水、施肥、施增氧剂等。

下雪天需及时除雪。

7.5 化冰后的管理

7.5.1 育胚

池水化冰后,在育胚池中加入与育苗池盐度相一致的海水,消毒处理 5 d～7 d 后使用。

育胚池水可以使用后,将越冬池亲蟹起出放入育胚池中育胚。

7.5.2 投饵

饵料以野杂鱼为主,第一次投喂量为亲蟹重量的 5％,以后每天观察亲蟹摄食量酌情增减投喂量。

7.5.3 换水

每半个月换一次水,换水量在全池水 1/3～1/2。

8 蟹苗室外土池培育

8.1 饵料生产

8.1.1 大棚培育轮虫

三月中下旬可启动大棚培育轮虫。

送水前往大棚中移殖轮虫冬卵或带冬卵的底泥,大棚进水消毒,让冬卵在棚中萌发。

室外大棚附近配备土池加水,消毒处理,培育单胞藻。

大棚轮虫密度达 2 万个/L～4 万个/L 时,室外土池单胞藻达到 500×10⁴ cell/mL 以上时,便带水移殖,一次移殖棚内水的 1/2～2/3 后,用单胞藻水加满继续培育。

8.1.2 单胞藻(小球藻)的培养

轮虫池进水完成,以培养小球藻为主,小球藻扩种以点带面,前期慢后期快。

要接种小球藻的池塘，视水中小球藻以外其他藻类的多少，用 20 mg/kg～40 mg/kg 的漂白粉处理，1 d～2 d 后接种，如其他藻类少，也可直接接种。

接种完小球藻的池塘每天施碳酸氢铵 5 mg/kg，过磷酸钙 3mg/kg。

消毒前检查水中的浮游植物组成，如果小球藻占优势（达到 60％～70％）可以不经消毒直接施肥培养。

在接种轮虫前小球藻密度最低达到 $500×10^4$ cell/mL 以上。

8.1.3 轮虫培育

从四月下旬根据水温的变化开始有计划地接种轮虫。

有些池塘不用接种，池塘中冬卵的自然萌发就可以提供种源，根据实际情况加以利用。

在平均水温高于 13℃时接种轮虫，但如大棚中轮虫密度高于 5 万个/L 或小球藻不能及时供应大棚时，也必须向外接种。

轮虫的接种密度在 2 000 个/L 以上，平均水温在 20℃左右的条件下，3 d～4 d 便达到高峰（密度大于 15 000 个/L）。

轮虫的培养方式有原池培养和弃水培养。原池培养是在轮虫尚未达到高峰前就适当抽滤，控制轮虫起高峰的时间，弃水培养是通过补入充足的小球藻来满足轮虫对饵料的需求，敞池轮虫的培育速度根据苗的摄食量来调整。

8.2 蟹苗培育

8.2.1 苗池、进水、消毒

育苗池面积 1 334 m²～6 670 m²。

育苗池池水在 4 月 25 日前加注完毕，加水时用 150 目筛绢网袋过滤。

进行敌害生物的普查，根据普查结果，决定水体消毒方法和次数。

控制桡足类在 10 个/L 以内，布苗前 3 d～4 d 用 50 mg/kg～80 mg/kg 漂白粉处理。

盐度调控在 15～30 之间，水深在 1 m～1.7 m 之间，最适宜水深在 1.4 m 左右。

8.2.2 布苗

根据亲蟹卵发育情况推测大体布苗时间，当卵黄将近消失时开始布苗，时间一般在 4 月底至 5 月 10 日之间。

布苗前 1 d～2 d 苗池接种轮虫，接种量视当时轮虫池中轮虫量而定，一般在 300 个/L～1 000 个/L。

将亲蟹装笼移入育苗池，布苗密度视亲蟹怀卵量而定，一般放亲蟹的量为 15 只/667 m²～50 只/667 m²，每天检查排幼情况，及时挑出死蟹和产空蟹，当亲蟹全部产空后，将蟹笼连同产空蟹一同移出。

8.2.3 投饵

Z_1～Z_4 阶段投活体轮虫，及时观察，当轮虫被吃光或量少时及时投喂，根据前一天的投喂量及该天摄食情况决定第二天的投喂量。

Z_5 阶段若活轮虫不足，可投喂冻轮虫，冻枝角类或桡足类等代用饵料。或者投喂活体卤虫，卤虫投喂根据池中剩饵多少而定。

8.3 水质监测

pH 最适范围在 8.5～9.1 之间。若 pH 在适宜范围内，每隔 5 d 测量一次，若 pH 在 9.2 以上时，每天测量一次。当 pH 持续高达 9.5 时，需采取措施，如洒盐酸等，以降低 pH，或不布苗。

每天测量最低与最高水温。在布苗前、育苗中、拉苗前进行盐度的测量。

8.4 拉苗

大眼幼体变齐 2 d～3 d 后用 40 目的筛绢拉网把苗拉起放入室内池中淡化。

9 室内淡化

9.1 淡化密度

1.5 kg/m³ 以下。

9.2 淡化时间

从苗池水逐渐淡化至盐度在 5 以下,时间 5 d~6 d。

9.3 淡化方法

淡化以淡水换海水的方式进行;每天换水两次,第一天换全池水量的 20％以内,第二天换全池水量的 40％以内,第三天以后换全池水量的 50％。

9.4 淡化投饵

饵料以新鲜大卤虫为主,要求色泽新鲜,不起沫,无异味,加冰保存。

前两天投喂量在苗体重的 200％,第 3 d~6 d 在苗体重的 100％,观察投喂,1 h 1 次。

10 出售

ICS 65.150
B 51

中华人民共和国水产行业标准

SC/T 2088—2018

扇贝工厂化繁育技术规范

Technology specification of artificial breeding for scallop

2018-05-07 发布

2018-09-01 实施

中华人民共和国农业农村部 发布

前　言

本标准按照 GB/T 1.1—2009 给出的规则起草。

请注意本文件的某些内容可能涉及专利。本文件的发布机构不承担识别这些专利的责任。

本标准由农业农村部渔业渔政管理局提出。

本标准由全国水产标准化技术委员会海水养殖分技术委员会(SAC/TC 156/SC 2)归口。

本标准起草单位:中国水产科学研究院黄海水产研究所、威海圣航水产科技有限公司、威海市渔业技术推广站。

本标准主要起草人:张岩、谷杰泉、刘心田、宋宗诚。

扇贝工厂化繁育技术规范

1 范围

本标准规定了扇贝工厂化繁育的环境及设施、亲贝培育、采卵、受精、孵化、幼虫培育、保苗和中间培育的技术要求。

本标准适用于栉孔扇贝[*Chlamys*(*Azumapecten*)*farreri*(Jones & Presten,1904)]、华贵栉孔扇贝[*Chlamys*(*Mimachlamys*)*nobilis*(Reeve,1852)]、虾夷扇贝[*Patinopecten yessoensis*(Jay,1857)]和海湾扇贝[*Argopecten irradans*(Lamarck,1819)]的工厂化繁育。

2 规范性引用文件

下列文件对于本文件的应用是必不可少的。凡是注日期的引用文件,仅注日期的版本适用于本文件。凡是不注日期的引用文件,其最新版本(包括所有的修改单)适用于本文件。

GB/T 18407.4 农产品安全质量 无公害水产品产地环境要求

GB/T 21438 栉孔扇贝 亲贝

GB/T 21442 栉孔扇贝

GB/T 21443 海湾扇贝

SC/T 2033 虾夷扇贝 亲贝

SC/T 2038 海湾扇贝 亲贝和苗种

3 环境及设施

3.1 场址选择

场址应符合 GB/T 18407.4 的要求,选择岩石或沙质底质的海滨区域为宜。

3.2 设施设备

3.2.1 供水系统

包括水泵、沉淀池、沙滤池、高位水池和进排水管道系统。

3.2.2 生物饵料培育室

包括保种室、一级培育室、二级培育室和三级培养室。饵料池总容量应为育苗池总容量的1/4～1/3。

3.2.3 充气系统

包括充气泵(罗兹鼓风机等)、输气管道和散气石。鼓风机每分钟充气量宜为育苗水体的1%～5%。

3.2.4 育苗室

应能保温、防风雨,可调光,内建有方形或长方形的水泥池,池深0.8 m～1.5 m,池底有8%～10%的坡度。

3.2.5 升温系统

需要升温培育的种类还应配备升温送暖系统。

3.2.6 其他设施

宜配备水质分析室、生物检查室等。

4 亲贝培育

4.1 亲贝来源和质量要求

华贵栉孔扇贝外形特征应符合相应的生物学分类特征,贝龄1龄以上,壳高60 mm以上,体重45 g以上。栉孔扇贝、海湾扇贝和虾夷扇贝的外形特征应符合GB/T 21442、GB/T 21443和SC/T 2033的要求。亲贝来源和质量要求应符合GB/T 21438、SC/T 2038和SC/T 2033的要求。

4.2 亲贝运输

亲贝的运输一般采用保温箱保湿低温干运,不同种类扇贝亲贝的运输温度和时间等见表1;短途运输亦可采取装袋常温干运,长途运输宜采用水车充气运输。

表1 不同扇贝亲贝的运输条件

种　　类	运输方法	温　　度	湿　　度	时　　间
栉孔扇贝	干运法	5℃～12℃	≥90%	≤12 h
海湾扇贝	干运法	5℃～12℃	≥90%	≤12 h
华贵栉孔扇贝	干运法	14℃～16℃	≥90%	≤12 h
虾夷扇贝	干运法	2℃～10℃	≥90%	≤12 h

4.3 培育水温和培育密度

以亲贝促熟开始时海区自然水温为基数,每天升温1℃,逐步将水温提高到亲贝的产卵温度后恒温培育,在升温过程中最好在中间停止升温稳定3 d～4 d,不同扇贝的培育温度和培育密度见表2。

表2 不同种类扇贝亲贝的培育密度和培育方式

种　　类	培育水温	培育密度 个/m³	培育方式
栉孔扇贝	16℃～18℃	40～100	雌雄分别培育,网笼吊养或浮动网箱蓄养
虾夷扇贝	5℃～9℃	15～20	雌雄分别培育,网笼吊养或浮动网箱蓄养
华贵栉孔扇贝	自然水温	20～50	雌雄分别培育,网笼吊养或浮动网箱蓄养
海湾扇贝	20℃～22℃	80～120	网笼吊养或浮动网箱蓄养

4.4 日常管理

4.4.1 水质

每日换水100%,彻底清除池底污物,前期也可采用每天倒池的方法。培育期间溶氧量应保持在4 mg/L以上,连续微量充气,及时清理死贝,待产期间减少充气或停止充气。

4.4.2 投喂

投喂以三角褐指藻(*Phaeodactylum tricornutum* Bohlin)和小新月菱形藻(*Nitzschia clostertum*)为主,适量添加叉鞭金藻(*Dicrateria* spp.)、等鞭金藻(*Isochrysis* spp.)、小球藻(*Chlorella* spp.)、扁藻(*Platymonas* spp.)等单细胞藻类,每日投喂量为($8×10^5$ cell/mL～$30×10^5$ cell/mL),随水温升高不断增加,分8次～12次投喂。在单细胞藻不足的情况下,可补充部分螺旋藻粉代替,投喂量为每次1 g/m³～2 g/m³,应根据亲贝摄食情况调整投饵量。

5 采卵、受精与孵化

5.1 采卵与受精

亲贝性腺成熟后可采用自然排放采卵,或采用阴干、流水、升温(2℃～5℃)刺激等方法诱导采卵。产卵前停止倒池,采用流水法换水,当发现扇贝在原池自行排放时,移入预先准备的育苗池中。栉孔扇贝和虾夷扇贝在产卵结束后加入适量精液受精,以镜检每个卵子周围有2个～5个精子为宜;海湾扇贝在卵子密度达到50粒/mL～60粒/mL时应及时将亲贝移出,用纱布或筛绢制成的拖网或捞网将水表面的黏液捞出,可采用弃掉开始和末期排放的精卵,保留中段排放的精卵的方法避免精液过多。

5.2 孵化

微泡充气自然孵化,孵化期间每隔30 min～40 min用搅耙搅动池底一次。孵化期的水温,栉孔扇贝 18℃～22℃,海湾扇贝 17℃～22℃,虾夷扇贝 13℃～17℃,华贵栉孔扇贝 22℃～27℃。

6 幼虫培育

6.1 选优

当幼体发育到 D 形幼体时进行选优。选优前停止充气,让幼虫自然上浮,采用 250 目(海湾扇贝)或 300 目(栉孔扇贝、华贵栉孔扇贝、虾夷扇贝)筛绢做成的网箱放在适当大小的水槽中,用虹吸的方法将上层幼虫吸入网箱,虹吸过程中视幼虫密度及时将收集的幼虫移入加好水的育苗池。也可以停止充气待幼虫自然上浮后用 250 目或 300 目筛绢做成的手推网或拖网,收集上浮的幼虫移入加好水的培育池中培育。

6.2 培育条件

幼体培育条件见表3。

表3 扇贝幼虫培育条件

种 类	培育密度 个/mL	水 温 ℃	盐 度	光 照 lx
栉孔扇贝	8～12	18～20	27～32	500～1 000
海湾扇贝	10～15	21～25	25～32	500～1 000
虾夷扇贝	6～8	14～16	30～35	500～1 000
华贵栉孔扇贝	4～6	22～26	26～30	500～1 000

6.3 培育期管理

6.3.1 水质管理

采用砂滤水,对重金属含量高的海水,可加入 $2 g/m^3$～$3 g/m^3$ 的乙二胺四乙酸二钠(EDTA-2Na)。培育期间每天换水 2 次～3 次,前期每次 30%,后期增加至 40%。培育期间微量充气,保持溶解氧在 $5 mg/L$ 以上。

6.3.2 投喂

从 D 形幼虫期开始投喂金藻(*Dicrateria* spp. 和 *Isochrysis* spp.)、三角褐指藻(*Phaeodactylum tricornutum* Bohlin)、小新月菱形藻(*Nitzschia clostertum*)、扁藻(*Platymonas* spp.)等单胞藻,投喂量前期每天 $1×10^4 cell/mL$～$3×10^4 cell/mL$,后期增加至 $3×10^4 cell/mL$～$5×10^4 cell/mL$,分 3 次～6 次投喂,投喂量随种类和幼虫密度的不同而不同,应根据消化盲囊颜色和发育情况做适当调整。宜多种饵料混合投喂。

6.3.3 倒池

视水质情况适时倒池,通常 3 d～5 d 倒池一次。

6.4 附苗

6.4.1 附着基

附着基可选用直径 8 mm～10 mm 的棕绳编成的小帘或者 18 股或 24 股的聚乙烯网片。附着基使用前先用 0.5% 的 NaOH 煮沸(棕绳)或浸泡 24 h(聚乙烯网片),再经过反复捶打、浸泡,使用前再清洗至基本水清为止。

6.4.2 附着基投放

当池内幼虫有 30%～50% 的幼虫出现眼点时,配合倒池投放底帘,第二天开始投放上帘,可分 2 次～3 次投放。投放数量根据幼虫密度而定,网片一般 $1.0 kg/m^3$～$2.0 kg/m^3$,棕帘 $300 m/m^3$～$500 m/m^3$,投帘后加大换水量和投饵量,附苗结束后改用流水方式换水或大换水。

6.5 出池

扇贝稚贝壳长生长至 $300 \mu m$～$500 \mu m$ 时即可出池。稚贝出池前需逐步降低水温,直至接近保苗海区水温。

6.6 稚贝计数

按对角线平均定点取样,一般小型池(6 m³~8 m³)3点~5点,大型池(8 m³以上)5点~10点,分上中下取样。棕绳附着基分别剪取3cm的苗绳,网片分别剪取2个~3个节扣,所有样品放入烧杯中加入海水和少量碘液或甲醛,用镊子充分摆动洗下稚贝,在解剖镜下计数,计算平均单位长度(棕帘)或平均每扣(网片,不规则网衣可用单位重量)附着基的附苗量,根据附着基总长(棕帘)或总扣数(网片)换算出附苗量。底帘的附苗量应按小型池3点~5点、大型池5个~10个取样点单独取样计数。

7 保苗

7.1 场地选择

场地选择应符合GB/T 18407.4的规定,宜选择风平浪静、水流通畅、饵料生物丰富、无污水排入、水深5 m~12 m的内湾或水深1.5 m以上的池塘、蓄水池。水温13℃~26℃,盐度25~33,透明度600 mm~800 mm。

7.2 场地消毒

池塘和蓄水池用500 g/m³的生石灰或30 g/m³~50 g/m³的漂白粉消毒。消毒两天后用自然海水冲刷池底2次,待药性消解后使用。

7.3 保苗器材

海区保苗选择40目的聚乙烯网袋,池塘保苗选择60目的网袋。网袋尺寸一般为300 mm×500 mm或500 mm×700 mm,海上保苗每绳绑8个~10个网袋,池塘保苗每绳绑4个~6个网袋。虾夷扇贝稚贝宜采用内层40目、外层50目双层网袋保苗,2周后去掉外层网袋。

7.4 培育密度

每袋装稚贝5×10⁴粒~10×10⁴粒,当稚贝壳高达到2 mm后,换成20目或30目的网袋,按每袋1×10³粒~3×10³粒疏苗。

7.5 日常管理

经常洗刷网袋,防止网袋互相搅缠,防止断绳、掉石等情况发生。池塘保苗可在放苗前施肥培育单细胞藻,放苗1周后每日换水20%~30%,网袋中稚贝密度过高时应及时疏苗。

8 中间培育

8.1 海区的选择

应符合GB/T 18407.4的规定,宜选择在水清、流速缓慢、风平浪静、饵料丰富的内湾培育。

8.2 培育方法

采用直径300 mm左右的暂养笼,分为6层~7层,层间距150 mm,网目4 mm~8 mm。

8.3 分苗时间和放养密度

当贝苗壳高达到5 mm以上时,用滤筛将壳高5 mm以上的个体筛出,装入暂养笼内培育,壳高0.5 cm以下的贝苗继续在网袋中暂养一段时间后再进行筛选。壳高0.5 cm的苗种每层500个~1 000个,壳高1 cm以上的苗种每层200个~500个。

8.4 管理

一般控制贝苗在水下2 m~3 m处培育,培育期间经常检查浮梗、浮球、吊绳、暂养笼是否安全,经常刷洗网笼,清除淤泥和附着生物。

8.5 出苗

当贝苗壳高达2 cm以上时即可出池。

ICS 65.150
B 51

DB21

辽 宁 省 地 方 标 准

DB21/T 2210—2013

虾夷扇贝人工育苗技术规程

Technical Specifications of Artificial Breeding for Japanese scallops

2013-12-22 发布　　　　　　　　　　2014-01-22 实施

辽宁省质量技术监督局 发布

前　言

本标准是按照 GB/T 1.1—2009 给出的规则起草的。

请注意本文件的某些内容可能涉及专利。本文件的发布机构不承担识别这些专利的责任。

本标准由大连海洋大学提出。

本标准由大连市质量技术监督局归口。

本标准主要起草单位:大连海洋大学、大连獐子岛渔业集团股份有限公司。

本标准主要起草人:常亚青、宋坚、尹东红、梁俊。

本标准于 2013 年 12 月 22 日首次发布。

虾夷扇贝人工育苗技术规程

1 范围

本标准规定了虾夷扇贝（*Patinopecten yessoensis*）人工育苗的环境条件、亲贝、采卵与授精、孵化、幼虫选优、浮游幼体培育、采苗、稚贝管理、稚贝出库、苗种质量和运输方法。

本标准适用于虾夷扇贝的工厂化人工育苗。

2 规范性引用文件

下列文件对于本文件的应用是必不可少的。凡是注日期的引用文件，仅注日期的版本适用于本文件。凡是不注日期的引用文件，其最新版本（包括所有的修改单）适用于本文件。

NY 5052—2001　无公害食品　海水养殖用水水质

SC/T 2033—2006　虾夷扇贝　亲贝

SC/T 2034—2006　虾夷扇贝　苗种

3 环境条件

3.1 场地选择

育苗场应选择水质清净，无大量淡水注入，无工业、农业和生活污染的海区。宜建于风浪较小的内湾，无浮泥，混浊度较小，透明度大。

3.2 育苗用水

育苗用水应经沉淀、多级过滤、生物净化处理，水源水质应符合水质 NY 5052 的规定，盐度 28～31。

4 亲贝

4.1 亲贝选择

亲贝的质量应符合 SC/T 2033 的要求。

4.2 亲贝促熟

4.2.1 亲贝采捕

在水温为 4℃左右时进行采捕。

4.2.2 亲贝处理

亲贝入池前要及时将贝壳表面的淤泥杂藻洗刷干净，并且清除附着在贝壳上的藤壶、石灰虫、牡蛎等生物，雌、雄亲贝须分池培养。

4.2.3 暂养方式

将选好的亲贝在室内育苗池采用扇贝养殖笼暂养，暂养密度为 15 个/m³～20 个/m³。

4.2.4 控温及盐度

亲贝入室后要先稳定 3 d～5 d，然后每日将水温升高 0.5℃，达到 5℃～6℃时根据性腺发育情况稳定 5 d 左右，再每日升温 0.5℃，缓慢升至 8.0℃～10.0℃恒温待产，温差严格控制在 0.5℃以内，防止流产。

4.2.5 投饵

主要投喂硅藻，并配以螺旋藻、蛋黄、鼠尾藻磨碎液等饵料。一般日投单胞藻 10×10^4 cell/mL～50×10^4 cell/mL，每隔 3 h～4 h 投喂一次，投饵量需按照亲贝的摄食情况及时调整。

4.2.6 倒池

每天早晚倒池各一次,倒池时辅升温操作。

4.2.7 光照强度

整个亲贝培育期,室内光强不超过 500 lx。

5 采卵与授精

5.1 采卵

采用阴干结合升温刺激的方法催产,采卵前先将亲贝刷洗干净,然后阴干 30 min～60 min,雌贝放入产卵池中,雄贝放入 12℃～13℃的小水槽中。

5.2 授精

将精液均匀泼洒入产卵池中,用搅耙搅动均匀,控制精子的浓度,显微镜观察每个卵子周围有 3 个～5 个精子即可。

6 孵化

6.1 孵化密度

受精卵的孵化密度不大于 50 粒/mL。

6.2 孵化条件

水温在 11℃～13℃,盐度 28～32,pH7.6～8.6。孵化海水或新加入的海水与授精时海水或原孵化水的水温温差一般控制在 1℃以内。

6.3 搅池

在孵化过程中用搅耙每隔 30 min～60 min 搅动 1 次池水。搅动时要上、下搅动。

7 幼虫选优

当 D 形幼虫比例达到 80％以上时,应及时进行幼虫选优。一般采用拖网法和浓缩法进行选优,选优用 NX-103 筛绢制成的网箱进行。

8 浮游幼体培育

8.1 培育密度

前期将培养密度控制在 10 个/mL 左右;4 d～5 d 后控制在 8 个/mL～10 个/mL;采苗前为 4 个/mL～8 个/mL。

8.2 水温

选优时水温应比孵化池水温高 0.5℃ ,以后每日提高 0.5℃,至 15℃～16℃时恒温培育。

8.3 水质控制

培育前期日换水 2 次,每次换 1/3,后期每日换水 2 次,每次 1/2,换水需用 NX-103 筛绢制成的网箱或滤鼓,换水时温差不超过 1℃;每隔 5 d 左右倒池 1 次,一般采用浓缩法进行。

8.4 投饵

一般以金藻为开口饵料,幼体培育 4 d～5 d 以后,添加新月菱形藻、扁藻。一般为 $1×10^4$ cell/mL～$4×10^4$ cell/mL,应根据幼虫的密度、摄食情况等因素确定实际投饵量。

8.5 充气或搅池

采取微充气的方式,每 3 m²～5 m² 一个气石;或采用搅池的方法,0.5 h～1.0 h 搅池 1 次。

8.6 其他培育条件

溶氧量大于 3.5 mg/L,盐度在 28～32,光照 500 lx～800 lx。水质应符合 NY/T 5052 要求。

9 采苗

9.1 附着基

9.1.1 附着基材料

一般采用聚乙烯网，聚乙烯网片由 18 股或 24 股聚乙烯线编织成，孔径 5 mm～10 mm。

9.1.2 附着基处理

在投放前附着基聚乙烯网片要经 0.1%～0.5% 的氢氧化钠海水浸泡 24 h 等方法进行处理，并严格洗刷。

9.2 投放时间

当眼点幼虫出现率为 80% 以上开始投附着基。

9.3 附着基投放数量

网片采苗时用量为 2 kg/m³～2.5 kg/m³。

10 稚贝管理

10.1 投饵

幼虫附着后投饵量渐增至 8×10^4 cell/mL～12×10^4 cell/mL，分 6 次～8 次投喂，以硅藻为主，辅以金藻和扁藻，应根据幼虫的密度、摄食情况等因素确定实际投饵量。

10.2 充气

附着后须不间断地充气，充气量控制在 30 L/(m³ · h)～40 L/(m³ · h)。

10.3 换水

前期日换水 2 次，每次换水 1/3～1/2，后期日换水 4 次，每次换水 1/3～1/2。

10.4 培育条件

培育条件同 8.6。

11 稚贝出库

11.1 出库规格

平均壳长 400 μm 以上。

11.2 海区条件

选择浑浊度小、无污染、养殖密度稀、风浪小、潮流畅通、10 m 以上水深的海区，水温在 5℃ 以上。

11.3 水温

稚贝出池前 6 d～7 d 开始降温，日梯度为 1℃，直至降至与海区温度相同。

11.4 出库方法

把附着基装入 40 cm×50 cm 的网袋中，根据网片的大小与网片的苗量放置 1 片～2 片附着基。10 个～20 个网袋为一吊。

12 苗种质量

苗种质量应符合 SC/T 2034 的要求。

13 运输方法

选择晴天的早晚或阴天出池，雨天、大风天气及大风前后不宜出池。运输工具最好使用厢式货车，装苗前用自然海水冲刷车厢。装车时保苗袋摞压不能超过 3 层。使用敞棚卡车运输要注意避风、遮光、降温、保湿。运输时尽量减轻颠簸和缩短运输时间。

ICS 65.150
B 51

中华人民共和国水产行业标准

SC/T 2010—2008

杂色鲍养殖技术规范

Code of aquaculture of small abalone

2008-07-14 发布　　　　　　　　　　2008-08-10 实施

中华人民共和国农业部 发布

前　言

本标准由中华人民共和国农业部渔业局提出。

本标准由全国水产标准化技术委员会海水养殖分技术委员会归口。

本标准起草单位:中国水产科学研究院南海水产研究所。

本标准主要起草人:王江勇、陈毕生、刘广锋、徐力文、冯娟、郭志勋、王瑞旋。

杂色鲍养殖技术规范

1 范围

本标准规定了杂色鲍(*Haliotis diversicolor* Reeve)亲鲍培育的环境条件、饲养方法、优选及促熟培育;育苗设施、苗种培育的环境条件、采苗和鲍苗培育、养成及常见病防治技术。

本标准适用于杂色鲍的人工苗种繁育及养成。

2 规范性引用文件

下列文件中的条款通过本标准的引用而成为本标准的条款。凡是注日期的引用文件,其随后所有的修改单(不包括勘误的内容)或修订版均不适用于本标准,然而,鼓励根据本标准达成协议的各方研究是否可使用这些文件的最新版本。凡是不注日期的引用文件,其最新版本适用于本标准。

GB/T 18407.4 农产品安全质量 无公害水产品产地环境要求

NY 5052 无公害食品 海水养殖用水水质

NY 5071 无公害食品 渔用药物使用准则

NY 5072 无公害食品 渔用配合饲料安全限量

3 术语和定义

下列标准术语和定义适用于本标准。

3.1

受精率 fertility rate

受精的卵细胞占所有卵细胞的百分比。

3.2

孵化率 hybrid rate

孵化率是指孵出的个体数(包括畸形个体)占全部排卵数的百分比。

3.3

担轮幼虫 trochophore

受精后 7 h~10 h,幼虫小而透明,圆形或梨形,有一个游泳用的口前纤毛环,具有强烈的趋光性。

3.4

匍匐幼体 crawl larva

受精后 50 h,面盘萎缩,纤毛逐渐脱落,失去游泳能力,完全营底栖生活,依靠足部匍匐生活。

3.5

围口壳幼体 peristomal larva

受精后 78 h,幼体大小长达 280 μm,壳口成喇叭状向外扩张,壳的前缘增厚出现了围口壳。

3.6

上足分化幼体 epipodialten larva

受精后 21 d~22 d,上足触角(epipodia tentacle)开始分化,足部发达,吸附力增强,幼体的舔食量明显增加。

3.7

稚鲍 infant abalone

出现第 1 个呼吸孔至壳长 10 mm 的生长阶段。

3.8

幼鲍 young abalone

壳长在 10 mm～30 mm 的生长阶段。

3.9

伤残率 disable rate

伤残个体是指壳损、软体部受伤的个体,伤残率是指伤残个体占鲍苗总数的百分比。

3.10

畸形率 deformity rate

畸形率是指壳体不规则(壳缘缺口、翻转、呼吸孔相连)或软体部异常的个体占鲍苗总数的百分比。

4 环境条件

4.1 场址选择

杂色鲍养殖场选址应符合 GB/T 18407.4 的要求,选择在沿海陆地,离高潮线距离 50 m～300 m,地基高出海平面 3 m～5 m。附近无工业和生活污染源,常年海水盐度大于 28.00,海水温度不低于 9℃,最高不超过 32℃,pH 7.4～8.4,溶解氧大于 5 mg/L。同类型养殖场的直线距离 3 km 以上,养殖场取水处最好为沙或沙砾底质,电力、交通与通信便利。

4.2 养殖用水

养殖用水经沉淀、多级过滤,海水水质应符合 NY 5052 的规定。

5 养殖设施

5.1 场地布局

养殖场由育苗区、养成区、供水区、供电区、供气区以及生活管理区组成。育苗区内设催产室、饵料培养室;养成区设饵料蓄养池、清理池。

5.2 养鲍池建造与规格

5.2.1 育苗池

呈长方形,池壁厚 12 cm,池底向排水口端倾斜,坡度 1：100,每两池一组。育苗池区四周筑墙,厚 24 cm,高 3.5 m～4.0 m,装上遮光玻璃和遮阳布。

5.2.2 养成池

呈长方形或正方形,池壁厚 24 cm,池底向排水口一端倾斜,坡度 1：50,池内铺有 3～4 排钢筋条或水泥条,离池底 20 cm。

5.2.3 催产室

内有规格为 1 m³～3 m³ 的水池,每立方米水体配备 4 支～6 支 25 W 的紫外线灯;建亲鲍阴干水泥台及 0.05 m³～0.10 m³ 玻璃缸 5 个～8 个,并设显微观察室。

5.3 供排水系统

5.3.1 供水系统

包括抽水设备、沉淀池、过滤池、贮水池及供、排水管道等。日供排水能力应达到养殖水体总量的 10 倍左右。从海区过滤砂井取水,进入水塔,再进入过滤系统(高于养殖池面 1 m～2 m 处),分为反冲式砂过滤和垂直式活性炭过滤,水处理能力应达 15 m³/h～20 m³/h。

5.3.2 排水系统

有溢水管道和排污管道系统,前者距池底 40 cm～50 cm,后者设于池底。

5.4 供气工程

5.4.1 鼓风机

养殖池水深在 1.0 m～1.8 m 的可配 30 kPa～35 kPa 鼓风机,总供气量每立方米水体 1 000 L/h。

5.4.2 育苗池供气管道

供气管与排水渠同一方向,埋入通道下布入各池,散气管孔径 0.6 mm,20 个气孔/m²。

5.4.3 养成池供气管道

供气管与排水渠同一方向,埋入通道下,沿池墙布入各池,散气管孔径 1.2 mm～1.5 mm,10 个气孔/m²。

6 人工育苗

6.1 亲鲍培育

6.1.1 亲鲍选择

6.1.2 群体选择,选择具有远缘关系的雌雄亲体。

6.1.3 个体选择,选择健康 2 龄以上的个体,壳长 6 cm 以上,重量 25 g 以上。

6.1.4 质量要求

积温达 500℃·d～1 500℃·d,生殖腺发育成熟,壳体完整,壳色呈棕褐色或墨绿色。腹足在 10 s 内能由平伸状态变成向中卷曲状态,生殖腺能覆盖角状体部表面 2/3 以上面积。

6.1.5 亲鲍放养

6.1.5.1 立体法

使用黑色硬塑料养殖笼,规格为 40 cm×30 cm×10 cm,密度为 10 个/笼,雌雄分池养殖,雄性数量约为雌性的 1/6。

6.1.5.2 平面法

养殖于有四脚砖(25 cm×25 cm 的光滑水泥砖,砖脚高度为 3 cm)的水池中,养殖密度为 100 个/m³～200 个/m³,池面加盖遮光网。

6.1.6 光照

培育池以侧光为宜,白天光照度控制在 2 000 lx 以下。

6.1.7 供水、充气

冬季日供水量不少于培养水体量的 5 倍～6 倍,初夏开始达到 6 倍～10 倍以上的供水量,海水中的溶解氧大于 5 mg/L。

6.1.8 饵料

饵料为江蓠属海藻或海带。夏季每天清池换饵 1 次,每次投饵量为亲鲍体重的 20%～30%。

6.1.9 冬季促熟培养

冬季水温低于 20℃时,采取升温培育的办法,池水加温可用电加热或锅炉加热,每隔 2 d～3 d 升温 1℃～1.5℃,直至饲养水温稳定在 24℃～25℃之间。

6.2 苗种孵化及幼体培育

6.2.1 底栖硅藻培育

6.2.1.1 藻种筛选

底栖藻类(卵形藻、舟形藻、菱形藻等)可从水池或自然海区中取得,用 28 μm 筛绢过滤 2 次,将滤液均匀泼洒水池。

6.2.2 饵料藻培育

培育池进水口套上孔径为 28 μm 筛绢过滤袋加水,投入藻种,水池中浓度达到 2 000 cell/mL～3 000 cell/mL,初期每天补入少量海水,中后期保持微流水状态。

6.2.3 附着基

用聚乙烯波纹板，挂于池水中，60 片/m²～80 片/m²；或聚乙烯薄膜，一端拴石坠入池中，消毒 48 h 后施肥，接种底栖硅藻。

6.2.4 光照

光照强度为 2 000 lx～5 000 lx。

6.2.5 营养盐

接入藻种前应投放营养盐，按 N：20 mg/L、P：2 mg/L、Si：2 mg/L、Fe：0.2 mg/L 浓度投放。

6.3 催产方法

6.3.1 阴干刺激法

将性成熟的亲鲍洗净消毒后，露空刺激 1 h～2 h，放回干净海水缸中，或每隔 30 min 排干海水，阴干 15 min～20 min，反复进行几次促排精卵。

6.3.2 变温刺激法

在催产缸内每隔 1 h～2 h 升降水温 3℃～7℃，在 25℃～30℃间反复进行。

6.3.3 紫外线照射海水法

以紫外线照射海水，紫外线剂量为 800 mWh/L。

6.3.4 过氧化氢刺激法

3%过氧化氢 0.3 mL/L，刺激 30 min～60 min 换海水冲洗，60 min 内使亲鲍排放精卵。

6.3.5 混合刺激法

即用阴干、变温、紫外线照射海水，同时按上述各法刺激。

6.4 人工授精

亲鲍雌、雄 20：1 分缸催产，当产卵排精后，将卵子吸至授精盆加适量精液，每个卵子周围有 5 个～10 个精子。

6.5 受精卵

受精率高、卵裂正常者为良好的受精卵。用移液管均匀取样，记数后统计受精率与孵化率。

6.6 洗卵与消毒处理

人工授精完成后，用二氯异氰脲酸钠 1 mg/L～2 mg/L 浸泡 20 min，受精卵下沉后，用育苗海水清洗受精卵 3 次～4 次，即可匀撒孵化池中。

6.7 投放密度

受精卵的投放密度为 5×10^4 个/m²～10×10^4 个/m²。

6.8 附苗密度

匍匐幼体期，附苗密度为 0.3 只/cm²～0.5 只/cm²（薄膜按单面计算，后同）；围口壳幼体及上足分化幼体期，密度为 0.1 只/cm²～0.3 只/cm²。

6.9 剥离下板

当附苗板上 80%鲍苗规格在 3 mm 以上即可转入中间培育阶段。常用方法有：2%酒精溶液浸泡法、1%氨基甲酸乙酯麻醉法或手工刷洗法。

7 中间培育

7.1 放养方法

剥离后的壳长 3 mm～5 mm 以上的鲍苗放养于育苗池内，池底铺四脚砖，平放或呈覆瓦状排列。

7.2 放养密度

壳长 3 mm～5 mm 的稚鲍，放养密度为 3 000 个/m²～5 000 个/m²；壳长 5 mm～10 mm 的稚鲍，放

养密度为 2 500 个/m²~4 000 个/m² 之间。当鲍苗壳长达 10 mm 左右,放养密度以 2 000 个/m²~3 000 个/m² 为宜。

7.3　饵料投喂

7.3.1　人工饵料

人工配合饵料应符合 NY 5072 的要求。鲍壳长 3 mm~5 mm 时,每平方米初始投饵量为 4 g~6 g;鲍壳长 5 mm~10 mm 时,投饵量为全池鲍苗总重量的 4%~5%;壳长 10 mm~20 mm 时期,投饵量为鲍苗总重量的 1.5%~3%,投喂时间为 17:00~18:00。

7.3.2　天然饵料

壳长大于 5 mm 的稚鲍,天然饵料有叶状绿藻、红藻、石莼片和碎江蓠类等,饲料投喂量为鲍体重的 3%~5%。

7.4　日常管理

7.4.1　每天的流水量为总水体的 4 倍~6 倍,溶解氧大于 5 mg/L。

7.4.2　每隔 3 d~5 d 补充营养盐,发现桡足类时可用 0.5 mg/L~0.7 mg/L 敌百虫浸杀,停流水 8 h~10 h,并倒池。

7.4.3　每隔 1 d~2 d 冲池 1 次,排干池水,冲干净池底污物、残饵等,并迅速加入清新过滤海水。

7.4.4　每天观察稚鲍生长情况,记录其死亡率等。

7.5　苗种质量要求

7.5.1　规格要求

见表 1。

表 1　鲍苗规格

鲍　　苗	壳长,mm
小规格	10~20
中规格	20~30
大规格	30 以上

7.5.2　感官要求

以下各项的合格率应达到 95% 以上:

a)　壳表富有光泽,呈浅褐色、红褐色或绿色,生长纹、放射肋清晰;

b)　鲍苗露空 5 min,再放入海水中,大于 80% 的个体在 1 min 内能伸出头部触角和上、下触角。

7.5.3　伤残率与畸形率

伤残率与畸形率(合计)要求见表 2。

表 2　不同规格鲍苗的伤残率与畸形率

鲍　　苗	伤残率与畸形率,%
小规格	<3
中规格	<2
大规格	<1

7.5.4　死亡率

鲍苗在销售前 15 d 内,日平均死亡率不应高于 0.03%。

7.6　鲍苗出池

鲍苗长到 1 cm~2 cm 时可转入养成阶段,出池可采用手工挑苗或麻醉剥离。

7.7 鲍苗运输

7.7.1 水运法

适合长途运输,水车内有充气装置及降温设备(或加冰块),供苗池与购入地苗池水温温差不超过5℃,运输时间宜控制在48 h以内。

7.7.2 充气干运法

适合短途运输,将鲍苗放入双层塑料袋内,充入纯氧,500粒/笼(袋)~1 000粒/笼(袋),放入塑料泡沫箱内密封,泡沫箱内加冰块。供苗池与购入地苗池水温温差不超过5℃,运输时间宜控制在10 h以内。

8 养成

8.1 养成设备

8.1.1 养成池

参照5.2.2执行。

8.1.2 鼓风机

参照5.4.1执行。

8.1.3 养成笼

采用黑色硬塑料笼,规格为40 cm×30 cm×10 cm,六面均具1.0 cm~1.5 cm方形小孔,正面为活动门。6笼~10笼为一串捆扎好排于钢筋条或水泥条上,笼盖离水面20 cm~30 cm,排与排之间预留70 cm工作道。使用前连池一起用5 mg/L次氯酸钠消毒清洗。

8.2 放养密度

a) 小规格苗笼养密度为40粒/笼~50粒/笼;

b) 中规格苗笼养密度为30粒/笼~40粒/笼;

c) 大规格苗笼养密度为20粒/笼~30粒/笼。

8.3 投饵

饵料为江蓠属藻类,水温为18℃~28℃时,投喂量为鲍总体重的5%~7%,每2 d~3 d清笼投喂1次;当水温低于18℃时,清笼时间可延长至3 d~4 d;当水温高于28℃,投料应减少,清笼时间应缩短为1 d~2 d。

8.4 日常养殖管理

8.4.1 每天必须维持池水体积3倍以上换水量,海水溶解氧大于5 mg/L。

8.4.2 定期清除残饵、病鲍、死鲍,清除笼外海绵、海鞘和石灰虫等。

8.4.3 每天观察鲍的生长及摄饵情况,记录死亡数量。

8.5 成鲍质量要求

壳体完整,壳表色泽鲜明;鲍的腹面向上,腹足在10 s内能由平伸状态变成向中卷曲状态;软体部丰满。

8.6 成鲍的收获和运输

8.6.1 2 cm以上幼鲍进笼养殖8个月~10个月,每笼鲍20%以上个体在壳长6 cm以上、体重20 g以上时可收获上市,收获前停食1 d~2 d,停药期内不得上市。

8.6.2 运输参照7.7执行。

9 病害防治

9.1 在病害高发期施用环保型杀虫抑菌药,水产用药应符合NY 5071的规定。

9.2 由专职病害防治员负责药物施用,并做好用药记录,遇到重大疫情应立即向有关单位报告。

9.3 尽量减少池中生物性病源和传染源,特别是在疾病流行季节,尤其要注意鲍病的发生。杂色鲍常见微生物病害及其防治见表3。

表3 杂色鲍常见微生物病害及其防治

病害名称	主要症状	病　原	流行情况	防治方法
溃烂症 skin-ulcer syndrom	上、下足色素脱落,足部肌肉溃烂,病鲍附着力很弱,最终死亡	亮弧菌(Vibrioslpendidus-Ⅱ)	流行于工厂化养殖中,春末夏初为发病高峰期,壳长25 mm~60 mm的鲍均可发病,死亡率60%~80%	0.4 mg/L复方新诺明全池泼洒
暴发性细菌病 acute bacterial disease	黏液分泌增多,停食,消化腺肿大或萎缩,足部僵硬、发白	溶藻弧菌(V. aglinolyticus)、副溶血弧菌(V. parahaemolyticus)	该病传播速度快,病程短,对工厂化养殖危害严重	0.4 mg/L复方新诺明全池泼洒,5 d为一个疗程
肌肉萎缩症 withering syndrom	足部肌肉萎缩,上足脱色,内脏组织收缩,病鲍行动迟缓,附着力差,死后干瘪	立克次氏体或副溶血弧菌(V. parahaemolyticus)	夏季高温季节流行,危害工厂化鲍鱼养殖,主要感染幼鲍,病程较长,死亡率可达50%	土霉素、四环素有一定预防效果
裂壳病 crack shell disease	壳变薄,色淡,壳孔相连,壳外缘上翻,生长极为缓慢,瘦弱	一种球状病毒	多流行于幼苗期,感染1个月~3个月内,死亡率可达50%	尚未研究出防治方法,可参照球状病毒病
球状病毒病 (冬季鲍瘟病) outbreaking virus disease	发病初期,池水变浑浊,水面黏液多,死鲍足部收缩	一种球状病毒	流行于水温低于20℃的冬春季,潜伏期短,发病急,病程短,死亡率接近100%,感染鲍苗、成鲍	使用砂井水,加温,保持23℃~25℃水温,严格消毒,降低养殖密度,有一定预防作用

ICS 65.150
B 51

中华人民共和国水产行业标准

SC/T 2036—2006

文蛤养殖技术规范

Technical specifications for Meretrix meretrix Linnaeus culture

2006-01-26 发布

2006-04-01 实施

中华人民共和国农业部 发布

前　言

本标准由中华人民共和国农业部渔业局提出。

本标准由全国水产养殖标准化技术委员会海水养殖分技术委员会归口。

本标准起草单位:江苏省海洋水产研究所。

本标准主要起草人:吉红九、陈淑吟。

文蛤养殖技术规范

1 范围

本标准规定了文蛤繁育及养殖的环境条件、亲贝培育、人工繁育、大规格苗种培育及养成。

本标准适用于文蛤[*Meretrix meretrix*(Linnaeus)]。

2 规范性引用文件

下列文件中的条款通过本标准的引用而成为本标准的条款。凡是注日期的引用文件，其随后所有的修改单(不包括勘误的内容)或修订版均不适用于本标准，然而，鼓励根据本标准达成协议的各方研究是否可使用这些文件的最新版本。凡是不注日期的引用文件，其最新版本适用于本标准。

NY/T 391 绿色食品 产地环境技术条件

NY 5052 无公害食品 海水养殖用水水质

3 环境条件

3.1 养殖场地的选择

应符合 NY/T 391 的规定。

3.2 养殖用水

应符合 NY 5052 的规定。

4 亲贝培育

4.1 选择和运输

于自然繁殖季节前到良种场或自然海区选择壳表无损、活力强、发育好，壳长 4.5 cm 以上的 3 龄文蛤。干运，运输宜于夜间进行，不可淋雨、冷藏、接触油类物质，避免暴晒和碰撞。

4.2 强化促熟

4.2.1 培育条件

盐度 20～28；pH 7.8～8.3；水温 23℃～28℃；DO＞6 mg/L。

4.2.2 日常管理

4.2.2.1 投饵

投喂硅藻、金藻、扁藻等单胞藻，日投喂量不低于 $5×10^5$ cell/mL。

4.2.2.2 换水

每天换水 100%。

4.2.2.3 充气

连续微量充气。

4.2.3 性腺发育检查

4.2.3.1 感官检查

发育成熟的亲贝，解剖后可见性腺饱满，覆盖整个内脏团表面。雌性性腺呈乳白色；雄性呈奶黄色。挑出少许腺体置于载玻片上，用滴管滴上海水，卵子遇水后即散开，呈均匀微粒状；雄性则呈烟雾状。

4.2.3.2 镜检

成熟的卵子呈圆形或椭圆形，直径 72 μm～90 μm，卵黄充实；精子游动活泼，头部呈狭茧形，长约

3 μm。

5 人工繁育

5.1 育苗设施

5.1.1 育苗室

育苗室屋顶覆以无色玻璃钢瓦或开玻璃天窗,侧窗面积为墙体面积的1/3;屋顶与侧窗均设置遮光帘以调节光照度。

5.1.2 育苗池

以长6 m～8 m、宽3 m～4 m、深1 m为宜;池底比降2‰～3‰,在池两端分设进、排水口。

5.1.3 饵料室

5.1.3.1 结构与设施

屋顶覆盖无色玻璃钢瓦等透光材料,室内具备控温、充气、调光、供水及饵料收集设施。

5.1.3.2 保种间

光照1 500 lx～10 000 lx,温控15℃～25℃。

5.1.3.3 闭式饵料培育器

$1×10^4$ mL～$2×10^4$ mL的细口瓶、有机玻璃桶、乙烯薄膜袋、光生物反应器等。

5.1.3.4 敞式饵料培育池

池内铺设白瓷砖或涂以白色无毒专用漆。小型池2 m×1 m×0.5 m,大型池3 m×5 m×0.8 m。

5.1.4 沉淀池

为黑暗沉淀池,贮水量不少于育苗池总水体的1/2,并分隔成2个～3个小池。

5.1.5 砂滤装置

沉淀池的水必须经过砂滤后方可进入育苗室和饵料室。常用的装置有砂滤池或砂滤罐。

5.1.6 充气设备

按照育苗及饵料培养总水体的1‰配置合适的罗茨鼓风机或无油气泵;散气装置可选用60号～100号砂头或散气管。

5.2 诱导催产

5.2.1 亲贝数量

每立方米的育苗水体需亲贝20个,用20 mg/kg高锰酸钾溶液浸泡消毒15 min后洗净装篮,挂于育苗池中。

5.2.2 诱导方法

阴干(3 h～5 h)→流水刺激(1 h～2 h)→升温(3℃～5℃),或阴干(3 h～5 h)→流水刺激(1 h～2 h)→氨海水浸泡(0.15‰～0.25‰,10 min～20 min)。

5.3 洗卵与孵化

5.3.1 洗卵

5.3.1.1 沉淀法

暂停充气,待受精卵沉淀后排出大部分池水,再重新加入新鲜海水。重复2次～3次。

5.3.1.2 捞除法

加大充气量,捞除水面含有大量精子的泡沫。

5.3.2 孵化

5.3.2.1 密度

30粒/mL～50粒/mL。

5.3.2.2 条件

盐度 20～28;pH 7.8～8.3;水温 22℃～28℃;DO>6 mg/L。

5.4 幼虫与稚贝培育

5.4.1 D形幼虫优选

用筛绢网拖取或水管虹吸入网箱收集浮游在表层的 D 形幼虫,移入另外的池中继续培育,培育密度为 5 个/mL～10 个/mL。

5.4.2 附着基投放

幼虫初生棒状足形成进入匍匐期后,在培育池中投入 3 mm～5 mm 的泥沙。泥沙经 300 μm～400 μm 筛绢筛洗,并高温消毒。

5.4.3 稚贝培育

5.4.3.1 密度

5×10^6 粒/m²～10×10^6 粒/m²。

5.4.3.2 条件

盐度 20～28;pH 7.8～8.3;水温 22℃～28℃;DO>6 mg/L。

5.4.4 日常管理

5.4.4.1 投饵

D 形幼虫消化道形成后,及时投喂适宜的单胞藻。日投喂量 2×10^4 cell/mL～1×10^5 cell/mL。单胞藻种类前期以金藻为主,后期可多种类混合投喂。

5.4.4.2 换水

日换水 2 次,每次换水 1/2。

5.4.4.3 倒池

5 d 左右倒池一次。

6 大规格苗种培育

6.1 培育设施

6.1.1 蓄水池

蓄水量为培育池水体的 3 倍～5 倍,配备进、排水泵,有渠道或管道与培育池进水口相连。

6.1.2 培育池

6.1.2.1 池型

长方形,在两端分设进、排水口。池底平整,不渗漏。

6.1.2.2 规格

每只池面积 500 m²～1 500 m²,水深 30 cm～50 cm。相邻的池之间通过管道或渠闸相连,每池既可独立进排水,也可以 2 只～4 只池为一组进行串联循环。

6.1.2.3 底质

沙泥质。清池,翻耕池底 20 cm,暴晒一周以上,碾碎、整平。

6.2 水质条件

同 3.2。进入培育池的海水经网目 200 μm～300 μm 的筛绢过滤。

6.3 基础饵料培养

在蓄水池中适量施肥培育单胞藻;可利用培育池附近的养鱼或养虾池塘的肥水,引入培育池提供贝类饵料。

6.4 稚贝投放

6.4.1 密度

5 000 粒/m²～10 000 粒/m²。

6.4.2 方法

带水泼洒或干撒,要求苗种分布均匀。

6.5 日常管理

6.5.1 饵料供应

通过进、排水不断补充培育池内的单胞藻饵料。培育池水体中保持单胞藻密度$1×10^5$ cell/mL～$5×10^5$ cell/mL。

6.5.2 水质调控

每日定时测量、记录盐度、水温、pH、DO值,通过改变水位、增加换水量、流水、充气等措施调节水质理化指标。

6.5.3 分苗

培育过程中分苗2次～3次,最后一次分苗后的培育密度以500粒/m²～1 000粒/m²为宜。

6.5.4 敌害防除

及时清除池内出现的蟹类、玉螺等敌害生物;随时捞除繁生的浒苔等丝状藻类。

6.5.5 起捕与运输

6.5.5.1 起捕

排干培育池水,将池中贝苗全部起出,筛选分级。

6.5.5.2 质量标准

壳长2.5 cm～3.0 cm,壳体色泽鲜亮,斧足伸缩活跃,受惊后贝壳快速紧密闭合,播撒到养殖滩面后能在1 h内潜入泥沙中。

6.5.5.3 运输

计量后将苗种装入网袋,扎紧袋口,保持湿润,避免高温,及时运输。

7 养成

7.1 海区滩涂养殖

7.1.1 场地条件

7.1.1.1 潮位

潮流通畅、水质清新的中、低潮区。

7.1.1.2 底质

含沙量70%以上,滩涂平坦、稳定,不板结。

7.1.1.3 水质

同3.2。

7.1.2 大规格苗种播放密度

30粒/m²左右。

7.1.3 日常管理

7.1.3.1 防逃

在养殖场地周围插桩围网,网目2 cm,滩面以上网高1 m。

7.1.3.2 疏散

大风浪后及时疏散网边堆积的文蛤。

7.1.3.3 除害

及时清除养殖滩面上的蟹类、玉螺等敌害生物。

7.1.4 收获

退潮时人工刨滩采捕，捕大留小。

7.2 池塘养殖

7.2.1 池塘条件

7.2.1.1 池型与大小

长方形，面积 2 hm² ～4 hm²，可蓄水 1 m 左右，进、排水方便。

7.2.1.2 底质

泥沙或沙泥底，底面平坦松软。放苗前清淤、翻耕、暴晒、消毒、碾碎、整平。

7.2.1.3 水质

同 3.2。

7.2.2 基础饵料培养

池塘底质处理后适量施肥培育基础饵料，保持透明度 30 cm 左右。

7.2.3 大规格苗种投放密度

50 个/m² ～100 个/m²。

7.2.4 日常管理

7.2.4.1 换水

养殖水体保持日换水量 1/10～1/2，随养殖时间而增加。

7.2.4.2 施肥

根据水体肥瘦情况适量施肥。

7.2.4.3 水温调控

通过加大水流量或改变水位来调节。

7.2.4.4 盐度调控

大暴雨前提高池内水位，防止盐度剧降。

7.2.4.5 敌害防除

进池海水经筛绢过滤；及时捞除池内的浒苔等丝状藻类。

7.2.5 收获

壳长达到 4 cm～5 cm 时，放干池水，刨滩采捕，分级、包装。

ICS 65.150
B 51

中华人民共和国农业行业标准

NY/T 5289—2004

无公害食品
菲律宾蛤仔养殖技术规范

2004-01-07 发布

2004-03-01 实施

中华人民共和国农业部 发布

前　言

本标准由中华人民共和国农业部提出。

本标准起草单位:辽宁省海洋水产研究所、庄河市水产技术推广站。

本标准主要起草人:李文姬、李国平、刘忠颖、姜忠聃、李大成、陈光凤。

无公害食品 菲律宾蛤仔养殖技术规范

1 范围

本标准规定了菲律宾蛤仔（*Ruditapes philippinarum* Adams & Reeve, 1850）无公害养殖的环境条件、工厂化育苗、土池人工育苗、半人工采苗、滩涂养殖技术和防病措施。

本标准适用于无公害菲律宾蛤仔的养殖技术。

2 规范性引用文件

下列文件中的条款通过本标准的引用而成为本标准的条款。凡是注日期的引用文件,其随后所有的修改单(不包括勘误的内容)或修订版均不适用于本标准,然而,鼓励根据本标准达成协议的各方研究是否可使用这些文件的最新版本。凡是不注日期的引用文件,其最新版本适用于本标准。

GB/T 18407.4 农产品安全质量 无公害水产品产地环境要求

NY 5052 无公害食品 海水养殖用水水质

NY 5071 无公害食品 渔用药物使用准则

3 环境条件

3.1 场地选择

苗种培育场、养殖场应选择远离污染源、交通方便的地方。环境应符合 GB/T 18407.4 的规定。

3.2 水质条件

养殖用水应符合 NY 5052 的规定。

4 工厂化育苗

4.1 培育池消毒

培育池为长方形或方形水泥池,容量 30 m³～40 m³,水深 1.3 m～1.5 m。育苗前用 300 mg/L～500 mg/L 次氯酸钠溶液(含有效氯 10％以上)浸泡 24 h～48 h,然后放掉,用砂滤水冲洗干净。

4.2 亲贝

4.2.1 亲贝来源

亲贝产地环境应符合 GB/T 18407.4 的规定。

4.2.2 亲贝选择

外形特征应符合贝类分类学中有关菲律宾蛤仔的特征描述;贝体无破损,洁净,活力强;生殖腺饱满、覆盖整个内脏团,壳高在 3.5 cm 以上。

4.2.3 入池时间

繁殖季节将自然成熟的亲贝采捕入池。北方 5 月～10 月、南方 9 月～11 月为繁殖季节。

4.3 采卵与孵化

4.3.1 采卵方法

——自然产卵法:生殖腺成熟度好的亲贝,入池当天或第二天换水后便可自然排精、产卵。

——诱导产卵法:阴干 6 h～12 h,流水 2 h～3 h,然后放入自然海水中等待排放。

4.3.2 受精与受精卵处理

精子和卵子在海水中自行受精。若精液过大,应采取洗卵等方法除掉多余精液,并在胚胎上浮前完成。

4.3.3　孵化密度

孵化密度应低于 50 个/mL。

4.3.4　孵化条件

水温 24℃～27℃,盐度 20～31,光照 1 000 lx～2 000 lx,连续微量充气。

4.4　选育

胚胎发育形成 D 形幼虫时,应及时选育,选育方法可采用拖选法或虹吸法。要求 D 形幼虫壳缘光滑,铰合部直,活力强。

4.5　幼虫培育技术

4.5.1　培育条件

同 4.3.4。

4.5.2　密度

D 形幼虫投放密度 10 个/mL～15 个/mL。

4.5.3　日常管理

4.5.3.1　投饵

幼虫的开口饵料为叉鞭金藻或等鞭金藻,随着个体生长混合投喂扁藻、小新月菱形藻、角毛藻、小球藻等单细胞藻。每天投饵 4 次～5 次;开口饵料投喂量为金藻 0.5×10^4 cell/mL,随着个体生长逐渐增加投饵量,并通过镜检幼虫胃含物、查看水色等调节投饵量。杜绝投喂老化和被污染的饵料。

4.5.3.2　换水

每天 2 次,每次 1/2。

4.5.3.3　倒池

4 d～5 d 一次。

4.5.3.4　充气与搅池

用 100 目或 120 目散气石连续微量充气,同时每隔 1 h 人工搅动池水 1 次,上下提水,避免旋转式搅动。

4.5.3.5　病害防治

为了防止有害细菌繁殖,倒池后连续 3 d 投施青霉素 1 mg/L,也可用大蒜汁预防细菌性疾病,用量 6 mg/L～8 mg/L(以大蒜鲜重计),连用 4 d～5 d,其他药物的使用按 NY 5071 的规定执行。

4.6　采苗

4.6.1　附着基处理

附着基为细沙,粒径 300 μm～500 μm。使用前可采用以下两种方法进行消毒,一是用 300 mg/L～500 mg/L 次氯酸钠溶液(含有效氯 10% 以上)消毒,然后用硫代硫酸钠中和;二是加热煮沸消毒。

4.6.2　附着基投放

成熟的壳顶幼虫比例达 40% 以上时,应倒池投放附着基,铺设沙层 0.5 cm 左右。

4.6.3　采苗后管理

幼虫全部着底附着后,水位保持 40 cm～50 cm,每天全量换水 2 次;根据水色适量投饵。当稚贝壳长达到 500 μm～800 μm 以上时,移到室外土池进行中间暂养和越冬保苗。

4.7　中间暂养及越冬

4.7.1　暂养池与越冬池

由土池改造而成,每个土池 3 hm²～4 hm²,冬季水深能保持 1.2 m～1.5 m,进排水方便

4.7.2　土池改造

土池首先应进行清淤、整平池面,然后铺沙,沙粒直径 2 mm 左右,厚度约 5 cm~10 cm。

4.7.3 清池消毒

改造后的土池,需经 15 d~20 d 曝晒,然后用漂白粉全池泼洒消毒,用量 225 kg/hm²~300 kg/hm²。

4.7.4 投苗密度

每平方米 3×10^4 枚~5×10^4 枚。

4.7.5 越冬管理

经常添加水,使水位保持 1.2 m~1.5 m,遇到大潮汛时及时换水。

5 土池人工育苗

5.1 场地选择

不受洪水威胁,无工业污染,大小潮都能进排水的内湾高、中潮区。

5.2 土池结构

大小应便于操作和管理,通常 1.5 hm²~3.0 hm²。以石块砌坡,堤高高出最大潮水位线约 1 m,池内水位能保持 1.2 m~1.8 m,设进出水闸门。闸门内侧进水处,用石板架设成两条桥形催产架,长 14 m,高 1.0 m~1.2 m,两石条间距 5 m~6 m,用于张挂网片、铺放亲贝进行流水刺激催产。

5.3 清淤铺沙

土池建成后,应将池底淤泥全部清除,然后整平,铺上粒径 1 mm~2 mm 细沙一层,厚 10 cm~15 cm。

5.4 附属设施

5.4.1 亲贝暂养池

在土池一角隔建一个亲贝暂养池,保证有足够的亲贝用于催产。

5.4.2 露天饵料池

在土池较高的一侧修建饵料培育池,面积约为土池面积的 2%,深度约 0.7 m,需要饵料时能自流至土池中。

5.5 育苗前的准备

5.5.1 清池

育苗前一个月,放干池水,连续曝晒池底 15 d~20 d,然后用漂白粉全池均匀泼洒消毒,用量 225 kg/hm²~300 kg/hm²。消毒后纳入经网目尺寸 0.144 mm 的筛网过滤的海水,浸泡 2 d~3 d,排干池水,并重复浸泡 2~3 次。

5.5.2 培养基础饵料

亲贝催产前 4 d~5 d,纳入 30 cm~40 cm(水位)经网目尺寸 0.144 mm 的筛网过滤的海水,然后把露天饵料池中的饵料引入土池中扩大培养。育苗开始时,使土池内单细胞藻等饵料生物密度达到 0.3×10^4 cell/mL~1.0×10^4 cell/mL。

5.5.3 亲贝选择

亲贝产地环境应符合 GB/T 18407.4 的规定。最好 2 龄~3 龄,壳长 3.5 cm 以上,80%~90% 的个体生殖腺成熟度达到Ⅲ期(软体部表面完全被生殖腺覆盖,见不到胃肠,生殖腺饱满,呈豆状鼓起)。用量 600 kg/hm²~750 kg/hm²。

5.6 催产、受精与孵化

选择大潮汛期催产。催产方法:阴干 6 h~12 h,然后铺放于催产架网片上,流水刺激 4 h~5 h,流速保持 20 cm/s~30 cm/s 以上。排出的精卵在水中自行受精、孵化。

5.7 浮游幼虫培育

5.7.1 环境条件

——水质:应符合 NY 5052 的规定。

——水温:18℃～24℃。

——盐度:21～31。

——pH:7.8～8.4。

——透明度:95 cm～130 cm。

5.7.2 密度

视催产效果,一般 2 个/mL～8 个/mL。

5.7.3 日常管理

5.7.3.1 添水

浮游幼虫培育期间,只能添水,不能换水。每天涨潮时补充经网目尺寸 0.172 mm～0.198 mm 筛网过滤的海水 5 cm～10 cm,至最高水位后静水培养。

5.7.3.2 培养饵料生物

晴天时,每隔 2 d～3 d 施尿素和过磷酸钙,单位水体用量分别为 0.5 g/m³～1.0 g/m³ 和 0.1 g/m³～0.5 g/m³。饵料密度不够时,需将露天饵料池中培养的单细胞藻引入土池中培养,使水色呈浅褐色。

5.7.3.3 防除敌害

育苗用水采用网目尺寸 0.172 mm～0.198 mm 筛网过滤,水中的桡足类和虾类等敌害生物,可利用夜间灯光诱捕。

5.8 附苗后管理

5.8.1 换水

附苗初期每天换水量应在 20 cm(水位)以上;稚贝壳长达 0.5 mm 以上时,采用网目尺寸 0.5 mm 筛网过滤海水;稚贝壳长 1 mm 以上则用网目尺寸 1 mm 筛网过滤换水。大潮期间每天加大换水量,保持水质新鲜,同时增加天然饵料生物。

5.8.2 繁殖饵料生物

晴天时每隔 2 d～3 d 施尿素 0.5 g/m³～1.0 g/m³,使水色保持浅褐色。若水色变清、饵料不足时,可投喂豆浆作为代用饵料,单位水体用量为 1 g/m³(以干豆重计)。

5.8.3 防除敌害生物

严防滤水网破损,并定期排干池水驱赶抓捕敌害。杀除浒苔方法:水位降至 20 cm～30 cm,然后用漂白粉全池泼洒,经 6 h～10 h,引入过滤海水冲稀,然后把水排干,经 2 个～3 个潮水反复冲洗,即可。漂白粉用量见表1。

表 1 漂白粉用量表

温 度 ℃	用 量 kg/m³
10～15	1.0～1.5
15～20	0.6～1.0
20～25	0.5～0.6
漂白粉含氯量 25%～28%	

5.8.4 疏苗

若土池中稚贝附着密度过大,则需要疏苗。壳长 0.1 cm～0.2 cm 的幼苗适宜培育密度为 5×10^4 个/m² 以下。多余的幼苗应进行疏散,壳长 0.2 cm 左右的沙粒苗,播苗密度约为 0.5×10^4 个/m²。

5.9 收苗

5.9.1 苗种规格

壳长 0.5 cm～1.0 cm 以上。

5.9.2 收苗方法

采用浅水收苗法,即将土池分成若干小块,插上标志,水深掌握在 80 cm 以下,人在小船上用带刮板的操网或长柄的蛤荡随船前进刮苗,洗去沙泥后将蛤苗装入船舱。

6 半人工采苗

6.1 场地选择

有丰富的菲律宾蛤仔亲贝资源和适量淡水注入,且潮流畅通、水质肥沃、地势平坦的中低潮区,最好是有涡流的海区,有利于附苗。

6.2 采苗环境

水质应符合 NY 5052 的规定;底质无异色、异臭;含沙量为 70%～80%;盐度 15～26;流速 20 cm/s～40 cm/s。

6.3 苗埕的建造与整埕

6.3.1 苗埕的建造

——外堤采用松木打桩,垒以石块,夹上芒草,堤底宽约 1 m～1.5 m,堤高 0.6 m～1.0 m。外堤应顺着水流修建,以减少洪水的冲击。

——内堤只用芒草埋在土里,露出埕面 20 cm～30 cm,堤宽 30 cm～40 cm,内外堤多呈垂直,把大片苗埕隔成若干块。

——无洪水威胁的地方,无须筑堤。

6.3.2 整埕

捡去石块、贝壳等;高低不平的埕面,整平耙松,以利附苗。

6.4 管理

日常管理主要有以下几方面:

——五防:防洪、防暑、防冻、防人践踏、防敌害。

——五勤:勤巡逻、勤查苗、勤修堤、勤清沟、勤除害。

6.5 收苗

6.5.1 苗种规格

白苗壳长 0.5 cm;中苗壳长 1 cm;大苗壳长 2 cm。

6.5.2 苗种质量

每一规格的苗种,大小应均匀,无破损,健壮,活力强。

6.6 苗种运输

6.6.1 运输方法

车运时以竹篓装苗,每篓 20 kg 左右,以不满出篓面为宜。篓与篓之间紧密相靠,上下重叠时,中间隔以木板,防止重压死亡。船运时舱内放置竹篾编制成的"通气筒"(高 70 cm～80 cm,直径 30 cm),苗种围着"通气筒"倒入舱中,以利于空气流通,防止舱底的苗种窒息死亡。

6.6.2 注意事项

当天采收、当天运输;遵守"通风、保湿、低温"三原则;防晒、防雨淋。

7 滩涂养殖

7.1 养殖场地选择

风浪平静,潮流畅通,地势平坦,无工业污染,退潮时干露时间不超过 4 h,底质无污染,含沙量为 70%～90% 的中、低潮区。

7.2 养殖场环境条件

水质应符合 NY 5052 的规定;盐度 15～33;流速 40 cm/s～100 cm/s。

7.3 滩涂改良

——连续多年养殖的滩涂,底质老化需进行翻滩改良。翻出的泥沙经过潮水多次冲洗和太阳曝晒使腐殖质分解,同时整平滩面,捡去敌害生物及杂物。

——受洪水冲击淤泥过大的滩涂,采用投沙等方法,使淤滩变稳定。

7.4 播苗季节

——根据苗种规格不同而不同。白苗一般在 4 月～5 月;中苗在 12 月或翌年春天播苗;大苗在产卵之前播苗。

——根据地理位置不同而不同。北方沿海 4 月～5 月播苗,南方沿海 3 月或 9 月～10 月播苗。

——高温期和寒冷季节不播苗。

7.5 播苗密度

播苗密度与苗种规格、底质、场地条件的关系见表 2。

表 2 播苗密度与苗种规格、底质、场地条件的关系

苗种类别	规　格		每公顷播苗量 kg			
	壳　长 mm	个体重 mg	泥沙底质		沙质底	
			中潮区	低潮区	中潮区	低潮区
白苗	5～10	50～100	1 875	2 625	2 250	3 000
中苗	14	400	5 250	6 000	6 000	6 750
大苗	20	700	7 500	7 500	9 000	10 500

7.6 养成管理

7.6.1 移植

小苗一般撒播的潮区较高,经 6 个月～7 个月养殖后,个体增大,应移到较低潮区养殖。

7.6.2 防灾、防敌害

养成期间经常检查,若发现危害严重的敌害生物,应及时清除;防止漂油污染和其他染物流入养殖区。

7.6.3 生产记录

整个养殖期间,应认真做好生产记录。

8 防病措施

8.1 应从改善水质、加强海水净化方面加以预防。工厂化育苗时,应及时清洗沉淀池,定时反冲砂滤罐或更换砂滤池表层砂子。提倡使用臭氧发生器或紫外线灭菌器等设备来处理育苗用水,可有效控制海水中有害细菌,达到防病的目的。

8.2 应使用高效、低毒、低残留药物,建议使用微生态制剂、中药制剂。

8.3 培育池和育苗器具,使用前应用次氯酸钠或漂白粉消毒。

8.4 亲贝应采自渔业环境达标的养殖海区,采卵时生殖腺应充分成熟,以保证受精卵质量。

8.5 幼虫培育过程中,应及时倒池清池。

8.6　提倡生态养殖,合理控制养殖密度。

9　收获

9.1　收获季节

繁殖季节前收获。北方在春末夏初,南方从 3 月～4 月开始,9 月结束。

9.2　规格

收获时壳长不小于 3 cm。

ICS 65.150
B 52

中华人民共和国水产行业标准

SC/T 1109—2011

淡水无核珍珠养殖技术规程

Technical specifications for freshwater mussel non-nucleated pearl nurturing

2011-09-01 发布   2011-12-01 实施

中华人民共和国农业部 发布

前　言

本标准按照 GB/T 1.1—2009 给出的规则起草。

本标准由中华人民共和国农业部渔业局提出。

本标准由全国水产标准化技术委员会淡水养殖分技术委员会(SAC/TC 156/SC 1)归口。

本标准起草单位:江苏省珍珠协会、江苏省淡水水产研究所。

本标准主要起草人:潘建林、陈校辉、陈学进、葛家春、蔡永祥、徐在宽、许志强、席胜福。

淡水无核珍珠养殖技术规程

1 范围

本标准规定了淡水无核珍珠养殖的环境条件及设施、繁殖与稚幼蚌培育、接种、育珠蚌养殖、蚌病防治、珍珠采收及存放。

本标准适用于利用三角帆蚌(*Hyriopsis cumingii*)进行淡水无核珍珠育珠生产;其他种类淡水珍珠蚌育珠生产可参照执行。

2 规范性引用文件

下列文件对于本文件的应用是必不可少的。凡是注日期的引用文件,仅注日期的版本适用于本文件。凡是不注日期的引用文件,其最新版本(包括所有的修改单)适用于本文件。

GB/T 18407.4 农产品安全质量 无公害水产品产地环境要求

GB 20553 三角帆蚌

NY 5051 无公害食品 淡水养殖用水水质

SC/T 9101 淡水池塘养殖水排放要求

NY 5071 无公害食品 渔用药物使用准则

3 术语和定义

下列术语和定义适用于本文件。

3.1

钩介幼虫 glochidium

三角帆蚌在繁殖过程中,受精卵胚胎发育到破膜后,需寄生在鱼类等水生动物身上以完成变态发育成为蚌苗的幼虫。虫体略呈杏仁形,有2片几丁质壳,每瓣壳片的腹缘中央有1个鸟喙状的钩,钩上排列着许多小齿,在闭壳肌中间有1根细长的足丝。虫体长0.26 mm~0.29 mm,高0.29 mm~0.31 mm。

3.2

寄主鱼 host fish

供钩介幼虫寄生、完成变态发育的鱼。

3.3

稚蚌 juvenile mussels

钩介幼虫寄生到鱼体上后,经过一段时间的发育后逐渐从鱼体上脱落变成稚蚌,壳长0.2 mm~0.3 mm,呈白色透明体,斧足很长,纤毛不停地摆动,可前后运动。

3.4

幼蚌 young mussels

稚蚌培育到1 cm左右时即可出池,转入幼蚌培育阶段。生产上,一般将壳长1 cm~9 cm的蚌称为幼蚌。

3.5

细胞小片 mantle piece

外套膜的边缘膜内、外表皮被分离后,把外表皮切成用于接种的块状膜片。

3.6

撕膜法　method for tearing mantle

用剪刀将边缘膜剪下,放在玻璃板上,使外表皮朝上,用镊子夹住一端,用另一只平头镊子夹住外表皮向后轻轻撕剥,使内外表皮分离。或不将边缘膜剪下,把边缘膜从壳边翻起,表皮向上,用刀沿外套膜痕轻轻割断外表皮与外套膜肌连接处,再用镊子夹住外表皮的一端,轻轻撕拉,使内外表皮分离。

3.7

插片　mantle piece insertion

把细胞小片植入蚌外套膜组织内的操作过程。

3.8

作业蚌　material mussel

用于制取和插植细胞小片的蚌。

3.9

育珠蚌　post‐operative mussel

已完成细胞小片插植、用来培育珍珠的蚌。

4　环境条件及设施

4.1　场地

应符合 GB/T 18407.4 的规定。

4.2　水质

应符合 NY 5051 的规定,其他主要物理因子指标见表1。

表 1　主要物理因子指标

养殖阶段	变态培育	稚蚌培育	幼蚌培育	亲蚌培育及育珠蚌养殖
透明度,cm	≥40	35～45	25～35	25～40
水色	—	黄绿色或褐绿色	黄绿色或褐绿色	黄绿色或褐绿色

4.3　生产设施

4.3.1　蓄水池

蓄水池底部应高于育苗池和幼蚌池,可利用自然落差供水。蓄水池大小视育苗及幼蚌培育规模而定。

4.3.2　亲蚌培育池

单池面积 0.2 hm²～0.7 hm²,水深 1.5 m～2.0 m,池底积淤 10 cm～15 cm,未养过蚌或已停养蚌3年以上。

4.3.3　育苗池

单池面积 1 m²～1.5 m²,池深 0.20 m～0.25 m。根据具体条件,可建成水泥池、砖池。育苗池设防逃、防晒和防风雨设施。

4.3.4　幼蚌培育池

单池面积不超过 50 m²,水深 0.20 m～0.40 m。池底平坦,进排水系统分开,每池设进排水口1个～2个,出水口高出池底 15 cm～20 cm。

4.3.5　幼蚌培育箱

长方形或正方形,单箱面积不超过 0.5 m²,箱高 12 cm～15 cm。用竹、木或铁丝作框架,PVC 网片敷设框架上,箱底铺一层塑料薄膜。

4.3.6 育珠蚌养殖池

单池面积 1 hm² ～ 3 hm²,常年水位保持 2 m ～ 3 m,未发生过严重蚌病的池塘。

5 繁殖与稚幼蚌培育

5.1 亲蚌培育

5.1.1 亲蚌来源

雌雄亲蚌应来自不同水域且为非蚌病疫区,以野生蚌或经选育的良种蚌为佳。

5.1.2 亲蚌选择

5.1.2.1 种质

应符合 GB 20553 的规定。

5.1.2.2 年龄、体重和壳长

蚌龄 3 龄 ～ 6 龄,以 4 龄 ～ 5 龄为佳,体重 300 g ～ 800 g,壳长 15 cm ～ 20 cm。

5.1.2.3 外观特征

壳形正常、厚实;壳面光亮,呈青蓝色、褐红色、黑褐色或黄褐色;体质健壮丰满,无病无伤;双壳闭合力强,喷水有力。

5.1.2.4 雌雄鉴别

雌蚌和雄蚌的性状鉴别见表2。

表 2 雌蚌和雄蚌的性状鉴别

项 目	雌 蚌	雄 蚌
蚌壳形状	两壳膨凸且较宽,后缘较圆钝	蚌壳较狭长,后端略尖
外鳃形状	鳃丝排列紧密,鳃丝数 100 条 ～ 120 条	鳃丝排列稀疏,鳃丝数 60 条 ～ 80 条
性腺颜色	生殖期间性腺呈橘黄色,用针刺后有颗粒状物质流出	生殖期间性腺呈乳白色,用针刺后有白色浆液流出

5.1.3 亲蚌放养

5.1.3.1 放养时间

宜选择在秋、冬季进行。

5.1.3.2 放养方式

在亲蚌的外壳上做好性别标记,亲蚌性比为 1:1。吊养深度控制在 20 cm ～ 40 cm,密度 9 000 只/hm² ～ 12 000 只/hm²。

5.1.4 培育管理

放养后,用施肥、换水及泼洒生石灰的方法调控水质,适时开启增氧设备。

5.2 钩介幼虫的采集

5.2.1 采集时间及水温

4 月下旬至 6 月中旬为采苗盛期;采集水温为 18℃ ～ 30℃,最适水温为 20℃ ～ 25℃。

5.2.2 寄主鱼选择与用量

5.2.2.1 寄主鱼选择

选择性情温和、游动缓慢、体质健壮、无病无伤、鳍条完整无损、来源方便的鱼类作为寄主鱼。在实际生产中,规格以 50 g/尾 ～ 100 g/尾的黄颡鱼为佳。

5.2.2.2 寄主鱼用量

每只雌蚌配 10 尾 ～ 20 尾寄主鱼。

5.2.3 钩介幼虫成熟度检查

5.2.3.1 肉眼观察

用开口器轻缓打开双壳,用固口塞固定,观察蚌鳃。如蚌鳃颜色呈紫黑、灰黑、灰白、棕黄色,则表明钩介幼虫基本成熟。

5.2.3.2 针刺观察

用针刺入鳃瓣近两端部位,顺着鳃丝方向小心地拉出钩介幼虫。如钩介幼虫足丝相互粘连成线,则表明钩介幼虫成熟。

5.2.3.3 显微镜检查

将取出的钩介幼虫放在载玻片上,通过显微镜观察。当视野中的钩介幼虫全部或大部分破膜,且两壳已能微微扇动,足丝粘连,可进行采苗。

5.2.3.4 操作管理

钩介幼虫成熟度检查操作应在原塘水中进行;雨后 2 d～3 d 内不宜检查,宜在连续多日晴天后进行。

5.2.4 排幼

将钩介幼虫已成熟的雌蚌洗净,在阴凉处露空放置 0.5 h 后,平放在大盆中,加入自然水域清水至 20 cm～25 cm,每立方米水体放 200 个～250 个。待雌蚌排团状的絮状物约 30 min,水中钩介幼虫达到一定密度时,将雌蚌转移至另一大盆中让其继续排放。

5.2.5 附幼

用手轻轻地搅动水体,使絮状物散开,将寄主鱼放入盆内进行静水附幼。附幼过程中,配小型增氧设备增氧。附幼后的寄主鱼应及时转入流水育苗池内饲养。

5.3 蚌苗采集

5.3.1 寄主鱼饲养

5.3.1.1 放养密度

放养寄主鱼 1 kg/m² ～1.5 kg/m²。

5.3.1.2 水流量控制

育苗池水的流量 15 L/min～30 L/min。

5.3.1.3 投饲管理

日投喂量为寄主鱼重量的 2% 左右。投喂饲料可以是碎蚌肉、活蚯蚓等,及时清除残饵。

5.3.1.4 钩介幼虫寄生时间

当钩介幼虫寄生 4 d～16 d,即要脱苗。具体寄生时间与水温关系见表 3。

表 3 寄生时间与水温关系

水温,℃	18～19	20～21	23～24	26～28	30～35
寄生时间,d	14～16	12～13	10～12	6～8	4～6

5.3.2 脱苗

脱苗前 1 d～2 d,停止投食。待寄主鱼鳃丝及鳍条上的小白点消失,脱苗结束,及时捞出寄主鱼,进入稚蚌培育阶段。

5.4 稚蚌培育

5.4.1 放养密度

2×10⁴只/m² ～3×10⁴只/m²。

5.4.2 流速控制

整个培育阶段保持水流不断,水流速度随着蚌体的增大而逐步增大,以蚌苗不被冲失为宜。

5.4.3 抄池

每天1次～2次,用手掌(手不触池底)轻轻搅动池水,激起沉在池底的积淤让流水带走,同时保证蚌不被冲失。

5.4.4 添加塘泥

脱苗后第10 d,每平方米水面加有机质适量且经捏碎过筛后的干塘泥1 L,以后每隔5 d～7 d施加一次,施加量以不超过蚌体直立的高度为宜。

5.4.5 分养

待稚蚌培育至壳长0.8 cm～1 cm时,应及时分养转入幼蚌培育。

5.5 幼蚌培育

5.5.1 放养密度

流水池培育150只/m²～250只/m²;网箱培育600只/m²～1 000只/m²,水面放养总密度以$6×10^5$只/hm²为宜。

5.5.2 流速控制

按5.4.2执行。

5.5.3 添加塘泥

按5.4.4执行。

5.5.4 日常管理

定期检查幼蚌的生长;坚持巡塘、查箱,及时清除死蚌、网衣附着藻类等杂物,进水需过滤,以防止敌害生物进入培育池或培育箱。结合天气、水温、水质变化,适时施肥、换水或施用生石灰,使水质符合4.2的要求。

6 接种

6.1 时间和水温

3月～6月或9月～11月,水温15℃～26℃。

6.2 接种前准备

6.2.1 作业蚌选择

6.2.1.1 蚌源、蚌龄及个体大小选择

蚌源以人工培育的健康作业蚌为宜。蚌龄以不超过1足龄为佳;蚌壳长7 cm～9 cm,个体重不低于20 g。

6.2.1.2 外观

蚌体厚实,完整无损伤,腹缘整齐,前端较圆;壳色泽鲜亮,呈深绿、青蓝或黄褐色;外套膜肥厚细嫩,呈白色,且不得脱离壳缘;肠道食物充足;受惊后两壳迅速闭合,喷水有力。

6.2.2 作业蚌暂养

在水温20℃左右时,用网袋或网箱吊养的方式暂养培育10 d～30 d。暂养时间以蚌体养肥适宜操作为准,暂养密度不超过$3×10^5$只/hm²为宜。

6.2.3 接种用具

开壳器、U形钢丝固口塞子、剖蚌刀、切片刀、平头镊子、剪刀、小片板(深色)、划膜刀、解剖盘、PVP保养液[1]、滴管、大小盆、桶、手术架、拨鳃板、创口针、送片针、消毒液、毛巾、黑布和脱脂棉等。

---

[1] PVP保养液配方:500 mL生理盐水中加入聚乙烯吡咯烷酮15 g和四环素40万IU～60万IU,混合后振荡均匀,现配现用。

6.2.4 消毒

所有固体用具使用前应用开水煮沸消毒;接种人员每天工作前双手、护袖、手套应清洁消毒;接种场地每天下班后喷洒消毒液后封闭。

6.2.5 细胞小片制备

6.2.5.1 流程

洗蚌-剖蚌-剪除外套膜边缘膜色线-分开内外表皮-取下外表皮-洗去黏液污物-修边切片。

6.2.5.2 制片要求

采用撕膜法制取小片为宜,制备在室温15℃～30℃情况下进行。

6.2.5.2.1 小片大小

视作业蚌大小和所需珍珠的规格而定,3 mm～6 mm见方或长稍大于宽的长方形为佳。厚度为0.5 mm～0.8 mm。

6.2.5.2.2 操作时间

小片制作以2 min内完成为宜。

6.2.5.2.3 存放处理

制好的小片应立即滴入PVP保养液,避免风吹日晒及污染,应边制片边插片。

6.2.6 插片

6.2.6.1 流程

洗蚌-开壳-加塞-洗污-挑片-创口-插片-整圆-消毒-去塞-标号-放养。

6.2.6.2 插片要求

6.2.6.2.1 开壳

用开口器轻缓开壳加塞,双壳撑开的距离保持在0.7 cm～1.0 cm。

6.2.6.2.2 数量及创口排列

插片数量按蚌体大小而定,通常为22片～45片,以每蚌30片为佳。创口与小片间隔排列呈品字形,创口大小以能使细胞小片插入为度。

6.2.6.2.3 操作

送片针应挑在细胞小片的正中。细胞小片的外表皮应卷在里面,插入插片蚌外套膜的内外表皮之间的结缔组织中,然后退出送片针,同时用创口针将小片整圆。挑片、创口、插片、整圆应一次成功。插片部位以外套膜中央膜的中后部为佳。

6.2.6.2.4 处理

插片后立即在创口处滴加广谱抗菌药物消毒液进行消毒,然后拔掉固口塞子,暂养于微流水中。消毒药物使用应遵循NY 5071的规定。

6.2.6.2.5 时间

每只蚌插片过程以5 min内完成为宜。

6.3 吊养

完成接种手术的插片蚌,应尽快吊养于育珠水域。

7 育珠蚌养殖

7.1 养殖方式

以鱼蚌混养为宜,可以蚌为主或以鱼为主。混养鱼类可为草鱼、团头鲂、鲢、鳙。鲢、鳙放养量不宜过大。以蚌为主养时,年鱼总产量控制在1 500 kg/hm²～3 000 kg/hm²。

7.2 养殖方法

采用网袋、网箱或网夹吊养。

7.2.1 吊养架设置

以毛竹等材料为桩,用聚乙烯绳相连,绳上每间隔 2 m 左右固定一个浮子(渔用泡沫浮子、塑料瓶等),使绳上吊养育珠蚌后,能保持绳浮在养殖水面。

7.2.2 吊养盛具的制作

7.2.2.1 网袋

袋底直径 20 cm,孔径 2 cm。用竹片做支架支撑袋底,使网袋呈圆锥形。

7.2.2.2 方网箱

规格 40 cm×40 cm×12 cm,孔径 2.5 cm。

7.2.2.3 网夹袋

竹片长 50 cm,宽 2 cm;网片长 17 孔、高 6 孔,孔径 4 cm。竹片两端打孔,串扎网线,竹片中间用网片做成网袋。

7.2.3 养殖池准备

7.2.3.1 池塘清整

每个养殖周期结束后进行池塘清整。除去过多淤泥,修整塘埂,干池晒塘至塘泥产生裂缝再施用生石灰,用量 1 500 kg/hm²,在塘底均匀挖若干小坑,在坑中用水化开趁热全池泼洒。10 d~15 d 后进水。

7.2.3.2 施用基肥

在冬季干池清整后应施用基肥,基肥通常为腐熟的有机肥料。肥水池塘和多年养殖淤泥较多的池塘少施,新开挖的池塘多施。

7.2.4 养殖密度

以蚌为主的池塘吊养育珠蚌 1.2×10⁴ 只/hm²~1.8×10⁴ 只/hm²。早期可适当密养,后期随蚌体生长逐步分养,降低养殖密度。

7.2.5 吊养方法

将育珠蚌装入盛具,每个网袋装 2 只;如用网箱,每箱装 10 只~20 只。养殖一年后转入网夹袋,每袋装 4 只。

7.2.6 养殖管理

7.2.6.1 水质调节

7.2.6.1.1 培水

插片手术后的育珠蚌下塘后 7 d~15 d 内,保持水质清新。以后视水质情况进行适时追肥培水,保持池水肥、活、嫩、爽。

7.2.6.1.2 注水

4 月~10 月间根据池塘水质情况,每隔 15 d 加注新水一次。必要时,可换去部分底层老水,保持水体溶氧不低于 5 mg/L。

7.2.6.1.3 改良水质

在生长旺季施用微生物制剂,用法和用量按照厂方使用说明书。

7.2.6.1.4 尾水排放

养殖过程中,池塘排放的尾水质量应符合 SC/T 9101 的要求。

7.2.6.2 吊养深度控制

春、秋两季育珠蚌吊养在水面下 25 cm~35 cm 处,夏、冬两季吊养在水面下 35 cm~45 cm 处。

7.2.6.3 定期检查

育珠蚌下塘吊养 7 d 以后,检查蚌的成活率。如大量死亡,要立即停止插片手术,同时检查原因。

每隔半个月检查一次蚌的生长情况,发现死蚌立即清除并进行无害化处理。每天结合鱼类投喂等管理进行巡塘,检查桩、绳、盛蚌器具的完好性,发现损坏及时修复。

7.2.6.4 清除污物

定期洗刷附生于网袋、网箱和育珠蚌上的藻类及污物,及时清除水面的杂物和池边杂草,保持养殖环境清洁。

7.3 养殖周期

育珠蚌养殖周期以不少于三夏两冬龄为宜。

8 蚌病防治

8.1 蚌病预防

5月～10月,每月用生石灰对水后全池均匀泼洒,生石灰用量为 150 kg/hm² ～200 kg/hm²。保持池水 pH 为 7.0～8.5。定期检查蚌的生长、喷水等是否正常。发现蚌病,应及时诊断病症,对症下药。病蚌应及时移入隔离病区养殖,病死蚌体应无害化处理。

8.2 蚌病治疗

蚌病治疗过程中药物使用应遵循 NY 5071 的规定,治疗方法参见附录 A。

9 珍珠采收及保存

9.1 采收

9.1.1 季节

每年 12 月份到翌年 2 月份为珍珠采收季节,水温 8℃～12℃。

9.1.2 方法

9.1.2.1 剖蚌取珠

将已育成珍珠的蚌,用剖蚌刀切断前后闭壳肌,打开双壳,取出珍珠。

9.1.2.2 活蚌取珠

用开壳器轻轻将珍珠蚌撑开,加固口塞固定;置于手术架上,洗去蚌内污物;用拨鳃板将鳃和斧足等拨向一侧,用开口针在每个珍珠的小突起上将珍珠囊划开一个小口,再用拨鳃板在珍珠突起的底部朝上推,将珍珠从开口处推挤出来;或用弯头镊子把珍珠一颗颗取出。

9.2 清洗保存

取出的珍珠应立即进行清洗。即将取出的珍珠放入清水盆中洗去污物,用清洁的白毛巾或绒布擦干,打光。将打光后的珍珠装进布袋,放在通风透气的橱架上保存。

附　录　A
（资料性附录）
主要蚌病治疗方法

序号	蚌病名称	蚌病症状	治疗方法
1	蚌瘟病	排水孔与进水孔纤毛收缩,鳃有轻度溃烂,外套膜有轻度剥落,肠道壁水肿,晶杆萎缩或消失	聚维酮碘(有效碘1%)全池泼洒,每立方米水体用1 g~2 g
2	烂鳃病	鳃丝肿大,有的发白,有的发黑糜烂,残缺不一,往往附有泥沙污物,有大量黏液;闭壳肌松弛,两壳张开后无力闭合	1. 2%~4%食盐水浸洗蚌体10 min~15 min 2. 10mg/L高锰酸钾溶液浸泡10 min~15 min
3	肠胃炎	肠胃道无食,充血发炎,时有血斑等,并有不同程度的水肿;有大量淡黄色黏液流出,间有腹水,斧足多处残缺糜烂。初期蚌壳微开,出水管喷水无力,严重时完全失去闭壳功能	1. 2%~4%食盐水浸洗蚌体10 min~15 min 2. 二溴海因全池泼洒,每立方米水体用0.05 g~0.25 g
4	侧齿炎	蚌的双壳不能紧闭,侧齿四周组织发炎、糜烂,呈黑褐色	三氯异氰脲酸全池泼洒,每立方米水体用0.2 g~0.5 g
5	烂斧足病	斧足边缘有锯齿状缺刻和严重溃疡,组织缺乏弹性,呈肉红色,常有萎缩,有大量黏液	1. 3%食盐水浸洗蚌体10 min~15 min 2. 漂白粉兑水后全池泼洒,每立方米水体用漂白粉1 g,用药后第三天再注入新水 3. 苦楝树叶100 kg/hm²,浸泡于池塘四角
6	水肿病	内脏团、外套膜和斧足浮肿透亮,严重时外套膜与蚌壳间充水。腹缘后端张开,两壳不能紧闭,壳张开0.5 cm~1 cm	用0.25 kg珍珠粉溶于水中,充分搅拌后取其上清液,加上10 g氯化钴和少量生姜、食盐,制成100 kg水溶液,将病蚌浸泡20 min
7	蚌蛭病	寄生在蚌体的水蛭(即蚂蟥)主要有宽身舌蛭和蚌蛭两种,吸附在鳃、外套膜或斧足上,体扁、多环节,作尺蠖状爬行,肉眼易见。蚌蛭以吸取蚌的血液和体液为生,损坏蚌鳃和外套膜组织,造成蚌体消瘦,严重时引起蚌死亡	1. 保持池水pH7~8,抑制蚌蛭生长繁殖 2. 用稻草把子沾满新鲜畜禽血,晾干后挂于水中,经1 d~2 d,诱集大量蚌蛭后提起焚烧,连用数次,清除为止

DB37

山 东 省 地 方 标 准

DB37/T 1190—2009

海带苗种生产技术规程

2009-02-17 发布

2009-03-01 实施

山东省质量技术监督局 发布

前　言

本标准由山东省海洋与渔业厅提出。

本标准由山东省渔业标准化专业技术委员会归口。

本标准起草单位：山东省海水养殖研究所。

本标准主要起草人：丁刚、李美真、孙福新、于波、詹冬梅、李修良。

海带苗种生产技术规程

1 范围

本标准规定了海带(*Laminaria japonica* Aresch)人工育苗生产中育苗设施、育苗器处理、种海带、采孢子、苗种培育及常见病害防治的技术要求。

本标准适用于海带人工育苗生产。

2 规范性引用文件

下列文件中的条款通过本标准的引用而成为本标准的条款。凡是注日期的引用文件,其随后所有的修改单(不包括勘误的内容)或修订版均不适用于本标准,然而,鼓励根据本标准达成协议的各方研究是否可使用这些文件的最新版本。凡是不注日期的引用文件,其最新版本适用于本标准。

GB 11607 渔业水质标准

GB/T 15807 海带养殖夏苗苗种

SC/T 2024—2006 种海带

NY 5052 无公害食品 海水养殖用水水质

3 育苗设施

3.1

育苗车间

车间内育苗池呈阶梯式,制冷水从高位池逐级流下,在池内形成稳定、持续的水流。

3.2

育苗池

规格:长 8 m～10 m,宽 2.3 m～2.5 m,深 0.22 m～0.26 m。

4 水质条件和水处理

4.1 水质条件

应符合 GB 11607 和 NY 5052 的规定。

4.2 水处理

4.2.1 沉淀

采苗前将海水提取到沉淀池内,沉淀池为暗光密闭状态。沉淀 24 h～48 h,使浮泥、杂质和浮游生物等沉淀到底部。

4.2.2 初次过滤

将经过沉淀后的新鲜海水经砂质过滤塔或过滤池,进行初次过滤。

4.2.3 初次冷却

将初次过滤后的海水通过制冷槽冷却到苗种培育所需的水温。

4.2.4 蓄水

冷却后的新鲜海水进入蓄水池内,以备后续处理。

4.2.5 二次过滤

蓄水池内的海水再经过第二次过滤。二次过滤后的海水为育苗用水。

4.2.6 回水及使用

将育苗池内排出的海水回收,与沉淀后的新鲜海水混合,共同进行冷却、蓄水、二次过滤,以循环利用。

5 育苗器处理

5.1 捶打

育苗用苗绳为红棕绳,直径为 0.5 cm,质地较硬,须经干捶和湿捶的捶打方式去掉杂质和有害物质。

5.2 浸泡

经过捶打的绳子用淡水浸泡 30 d,每 10 d 换水一次。

5.3 加热消毒

浸泡过的棕绳用淡水煮 12 h,除去有害物质。

5.4 干燥处理

煮 12 h 后的棕绳用淡水洗净、晒干,用拉绳机伸拉,使棕绳伸直,不再扭曲。

5.5 制作苗帘

将伸直的棕绳编成 1.25 m/股×50 股的苗帘,苗绳总长 62.5 m。

5.6 表面处理

将帘子浸湿后用焦炭火燎去绳上的棕毛,不可将绳股燎焦。

5.7 煮帘

棕帘经过燎毛后,再用淡水煮 6 h,洗刷苗帘,去掉灰烬和残余杂质。

5.8 曝晒

棕帘彻底晒干,篷布盖好防潮。采苗前选良好天气进行曝晒,才可使用。

5.9 采苗前棕帘处理

采苗前 2 d 用冷却海水浸泡育苗帘,换水 2 次～3 次,然后抻直,以备采苗。

6 育苗池清理

6.1 新池清理

疏通所有进水、出水管道,清除杂质污物,注满清洁海水浸泡 14 d 以上并进行多次洗刷。

6.2 旧池清理

用清洁海水洗刷多遍,再用漂白粉溶液喷洒全池,洗刷池底和池壁,经过日光曝晒后,用清洁海水洗净备用。

7 种海带

种海带的选择参照 SC/T 2024—2006 执行。

8 采孢子

8.1 采孢子时间

采孢子时间为 7 月～8 月份,海水温度不超过 23℃。

8.2 游孢子放散

清洗干净的种海带,经阴干刺激 2 h～3 h 后,放入注满海水的育苗池中,游孢子即可放散。

8.2.1 放散水温

将育苗池水温控制在 8.5℃左右。

8.2.2 种海带数量

平均采一个苗帘需用 1 株种海带。

8.2.3 孢子放散数量

孢子放散后,取池内孢子水于(10×10)倍显微镜下镜检,每视野有 10 个～15 个游动活泼的游孢子即可停止放散。

8.3 游孢子附着

8.3.1 附着方法

滤净黏液的孢子水,移出 1/2 到隔池,然后各加 1/2 冷却海水,搅匀,放入育苗帘,开始附着。

8.3.2 附着数量

取载玻片于(10×10)倍显微镜下镜检,每视野附着孢子数 20 个～30 个,即可停止附着。

8.3.3 附着时间

游孢子附着时间一般不低于 45 min,附着牢固后,然后换水移帘。

9 苗种培育

海带苗种培育期间的水温及光照强度见表1,施肥、每小时育苗池换水量、日加新鲜海水量见表2。

表 1 海带苗种培育期间水温和光照强度

培育时期	水温 ℃	光照 lx
7 月下旬～8 月上旬	8～9	800～1 500
8 月中旬～9 月上旬	7～8	1 500～2 500
9 月中旬～10 月上旬	6～6.5	2 500～4 000
10 月中旬	7.5～8	5 000

表 2 海带苗种培育期间施肥及流水

培育时期	施肥 mg/L		每小时育苗池换 水率 %	日加新鲜海水率 %
	—N	—P		
7 月下旬～8 月上旬	2～2.5	0.2～0.25	15	15～20
8 月中旬～9 月上旬	2.5～3.5	0.25～0.35	15～20	20～25
9 月中旬～10 月中旬	3.5～4.5	0.35～0.45	25～30	30～35

9.1 光照调节

根据日光照射强度,调节育苗池内光强。顶光调节可采取室外拉竹帘法、室内拉布帘或塑料布帘法进行调节,侧光调节采取拉布帘或塑料布帘法进行调节。

9.2 施肥

海带苗种培育中,自然海水中氮和磷的含量远不能满足幼苗生长的需要,须施肥加以补充。N 肥一般采用硝酸钠,P 肥一般采用磷酸二氢钾,浓度参照表2。

9.3 苗帘洗刷

采苗 2 d～3 d 就可用拍击法、喷洗法洗刷育苗器。当形成孢子体后随着幼苗逐渐生长,改为隔天喷洒洗刷一次。洗刷的次数和力度,应根据幼苗和杂藻的生长情况而定。

9.4 清洗育苗池

每 10 d 洗刷一次,用刷子将池底、池壁的杂藻洗刷干净,同时要洗刷进排水沟、回水池、储水池、反冲过滤塔。

10 常见病害防治

苗种培育期间易发病害及其防治方法见表3。

表3 海带苗种培育期间常见病害及防治方法

名称	病因	病状	防治方法
绿烂病	弱光	叶片从尖部开始变绿变软,逐渐腐烂	育苗器孢子附着密度适中,光照强度适宜,增强洗刷力度,增加流水量,降低水温
白尖病	光照变化剧烈,受强光刺激	藻体尖端色素分解,变白,细胞只剩下细胞腔壁	调节光照使之适宜均匀,防止幼苗突受强光刺激,减少孢子附着密度,增加水流量,降低水温及时洗刷苗帘
胚孢子、配子体及幼孢子体畸形烂病	种海带成熟不好或成熟过度,附着基处理不好,水质恶化,育苗池内污染物多,配子体性细胞成熟阶段受强光刺激	配子体阶段大量地发病死亡,胚孢子萌发不正常,配子体细胞不规则分裂,细胞膨大、细胞壁色泽变深,细胞出现中空,配子体生长期加长,不能转化为幼孢子体	选用好的种海带采孢子,育苗帘要严格处理并保持好育苗水质,避免强光刺激,发病后采取降温、洗刷、隔离等方法

11 苗种出库

11.1 出库时间

10月中旬前后,海区水温降至19℃以下。

11.2 出库规格

苗种长度在1 cm～2 cm左右即可出库,下海暂养。苗帘等级划分按照GB/T 15807执行。

ICS 65.150
B 51

DB35

福 建 省 地 方 标 准

DB35/T 1265—2012

海带育苗技术规范

2012-07-23 发布　　　　　　　　　　　　2012-10-20 实施

福建省质量技术监督局 发布

前　言

本标准按照 GB/T 1.1—2009 的要求编写。

本标准由福建省海洋与渔业厅提出并归口。

本标准主要起草单位:福建省水产技术推广总站、福建省连江县官坞海洋开发有限公司、福建省水产加工流通协会藻类分会。

本标准主要起草人:马平、宋武林、董志垵、黄健、林哲龙、金振辉、邱其樱、陈德富、林国清、刘燕飞、林丹、林文。

海带育苗技术规范

1 范围

本标准规定了种海带培育、采孢子、室内苗种培育、苗种下海暂养及环境条件和病害防治的技术要求。

本标准适用于海带室内苗种培育及苗种下海暂养的全过程。

2 规范性引用文件

下列文件对于本文件的应用是必不可少的。凡是注日期的引用文件,仅注日期的版本适用于本文件。凡是不注日期的引用文件,其最新版本(包括所有的修改单)适用于本文件。

GB 3097 海水水质标准

GB 11607 渔业水质标准

NY 5052 无公害食品 海水养殖用水水质

3 术语和定义

下列术语和定义适用于本标准。

3.1

种海带

用于培育海带幼苗的亲本。

3.2

孢子囊群

海带孢子体成熟时,叶片中带部表面形成大量的单室孢子囊,并连片构成孢子囊群,明显地凸出叶表面,为孢子体的繁殖器官。每个孢子囊内形成 32 个游孢子。

3.3

苗种培育

用控温、控光、施肥、洗刷、流水等人工方法将海带孢子培育成幼苗的过程。

3.4

苗种下海暂养

将室内海带幼苗移到海区培育至分苗规格(长 15 cm~25 cm)的过程。

3.5

畸形苗

海带藻体生长不舒展,出现卷曲、变形、生长不对称、形态不正常的个体。

3.6

苗帘

由维尼纶绳等材料编织而成,用于孢子附着并在其上生长发育的帘片。

4 育苗场

4.1 选址

应建在水质好,无工业污染、取海水方便,交通便利的沿海。水源水质应符合 GB 11607 的规定;育苗用水应符合 NY 5052 的规定,要求 pH 8.0～8.5,盐度 26～31,溶解氧不低于 5 mg/L。

4.2 主要设施

由育苗室、供排水系统和制冷系统三部分组成。其工艺流程如图 1 所示。

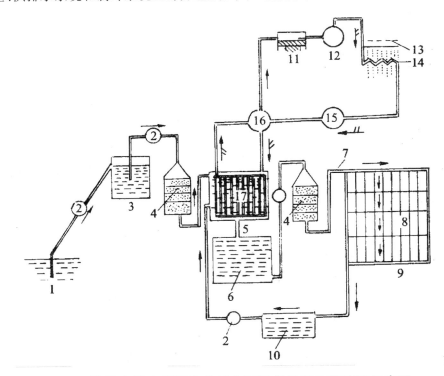

图 1 海带自然光低温育苗的主要设备及其工艺流程示意图

1. 自然海水　2. 水泵　3. 沉淀池　4. 过滤塔　5. 制冷槽
6. 储水池　7. 进水管　8. 育苗池　9. 回水沟　10. 回水池
11. 氨压缩机　12. 油氨分离器　13. 冷却器　14. 冷凝管
15. 阀门　16. 气液分离器　17. 蒸发管
注:→表示海水流向　⇢ 表示氨液流向(仿《海藻栽培学》)。

4.2.1 制冷系统

用于制备低温海水的成套设备,包括氨压缩机、冷却器、制冷槽等。

4.2.2 供排水系统

4.2.2.1 抽水设备

包括泵房、抽水井、抽水机组、提水管道等。

4.2.2.2 沉淀池

沉淀池容积应占育苗总水体的 1/2 以上;沉淀池上应加盖,使沉淀池处于黑暗状态,抑制杂藻和微生物繁生。

4.2.2.3 过滤塔

过滤塔由上而下依次铺设不同规格的细砂、粗砂、卵石,用于过滤经沉淀的海水;生产上宜采用加压过滤法。

4.2.2.4 储水池

储水池宜建于地下,以接纳经冷却的过滤海水,储备低温海水供育苗池使用。

4.2.2.5 回水池

宜建在室内的地下,储存经使用过的育苗用水,经泵输送到制冷槽与部分新水混合后再循环使用。

4.3 育苗室

4.3.1 育苗室结构

育苗室四周基部宜采用约 60 cm 高的水泥结构和柱梁，或钢结构框架；侧墙及屋顶均采用玻璃等透光材质，天窗总面积约占屋面的 4/5 以上，屋顶建成多个"V"相连的形状，相邻的两个坡面应分别朝向东西，方便采光和调光。侧窗数量（总宽度）约占南北墙长度 2/3～4/5，天窗和侧窗的内侧要安装白色窗帘，外侧可涂刷石灰水、白色油漆、涂料等，以调节光照的强度。

4.3.2 育苗池

育苗池一般长 15 m～20 m，宽 2.0 m～2.3 m，深 40 cm～50 cm。育苗池建成平面并联式。平面并联式进排水沟分设在育苗池两端，池与育苗室平行或垂直。池底应有 2‰～3‰ 的坡度，每池设置 2 个排水口，直径约 15 cm。

新建育苗池须经浸泡等去碱处理后，使池水的 pH 稳定在 8.0～8.5 方可使用，旧池漂白粉消毒洗刷干净即可使用。

5 种海带培育

5.1 海区培育

5.1.1 环境要求

应选择水流畅通、水深 20 m～30 m 的外海区的海带生产养殖区，海水流速不小于 0.2 m/s，透明度 2 m～3 m，水质要求符合 GB 3097、NY 5052 的有关规定。

5.1.2 种海带初选

一般在每年 5 月下旬至 6 月上旬，海区水温在 21℃～21.5℃ 时进行初选。海区初选群体需要叶片肥厚、柔韧、平展、中带部宽、无孢子囊、色浓、有光泽、柄粗壮、附着物少的藻体。

5.1.3 种海带复选

在进育苗池前 5 d 左右复选种海带，一般在 7 月份进行复选。进一步挑选无病烂、附着物少、生长部和中带部宽的无孢子囊群的海带。

5.2 室内培育

5.2.1 藻体处理

将复选的种海带剪去边缘、梢部和丛生的假根团，保留主根，并在生长部凿一个 6 mm～8 mm 的小洞，供穿绳固定。

5.2.2 培育条件

水温控制在 8 ℃～14 ℃，光照强度控制在 30 $\mu molm^{-2}s^{-1}$～60 $\mu molm^{-2}s^{-1}$。

5.2.3 培育方法

把处理好的种海带洗刷干净移入育苗池内，用绳穿成串，25 株/m²～35 株/m²，每 1 d 换水 1/3～1/2，24 h 循环流水，培育 45 d～50 d 至孢子囊表皮破裂，根据采苗时间再进行光照控制和水温调节。

6 苗种培育

6.1 采孢子

6.1.1 时间

根据生产需求，一般在 9 月中下旬，苗种出库前 45 d～60 d 进行。

6.1.2 种海带清洗

将在室内培育成熟的种海带取出，去除孢子囊表皮的附着物，清洗干净后投入用于游孢子放散的育苗池。

6.1.3　游孢子放散

6.1.3.1　条件

水温控制在 5 ℃～8 ℃，光照控制在 20 μmolm^{-2}s^{-1}以内。

6.1.3.2　方法

按照种带与育苗帘约以 1∶30 的比例计算种海带的数量。将投入育苗池的种海带及时搅动，每 5 min～10 min 镜检 1 次，在 10×10 倍显微镜下每个视野有 3 个～5 个游动活泼的游孢子即可取出种海带，捞出水中的黏液后搅拌均匀。

6.1.4　游孢子附着

将每8层～10层为一组苗帘放入放散池，同时放置检查附着量的玻片。4 h后在 10×10 倍显微镜下镜检玻片上每个视野有 6 个～10 个附着孢子时立即换水或移帘。

6.2　苗种培育管理

6.2.1　培育条件

室内苗种培育期间的水温、光照强度、营养及换水情况见表1。

表 1　海带室内苗种培育期间的培育条件

生长发育阶段		培育天数 d	平均光照强度 μmolm^{-2}s^{-1}	培育水温 ℃	施肥量 mg/L		培育水搅拌时间	日换水量
					氮(NO$_3^-$-N)	磷(PO$_4^{3-}$-P)		
胚胞阶段		2～3	16～20	9～10	0.5	0.05	开 1 h 停 0.5 h	1/4～1/5
配子体阶段		10～15	20～24	8～9	1.0	0.2	开 1 h 停 0.5 h	1/4
幼孢子体阶段	前期(2 列细胞开始)	15～17	24～30	7～8	2.0	0.4	24h	1/4
	中期(0.1cm～0.3cm)	15～17	30～36	8～7	3.0	0.6	24h	1/3
	后期(至出苗前)		36～48	8～6	3.0	0.6	24h	1/3～1/2

6.2.2　苗帘洗刷

游孢子附着后 3 d 洗刷苗帘 1 次。待孢子体形成后，根据幼苗和杂藻的生长情况，一般每 3 d 洗刷 1 次。

6.2.3　苗帘调整

当幼苗长至 0.2 cm 左右，根据生长情况，调整苗帘位置，使幼苗均匀生长。

6.3　病害防治

室内幼苗培育期间的病害重在预防。主要病害及防治方法见表2。

表 2　海带室内幼苗培育期主要病害及其防治方法

病　害	病　因	病　状	防　治　方　法
绿烂病	光线不足	叶片从尖部开始变绿变软，逐渐腐烂	育苗器孢子附着密度适中，光照强度适宜，增强洗刷力度，增加流水量
白尖病	受光突然增强	藻体尖端色素分解，突然变白，细胞只剩下细胞腔壁	调节光照使之适宜均匀，防止幼苗突受强光刺激，减少孢子附着密度，增加水流量，及时洗刷苗帘

表 2（续）

病　害	病　因	病　状	防　治　方　法
胚孢子和配子体死亡及幼孢子体变形	种海带成熟不好或成熟过度，附着基处理不好，水质恶化，配子体性细胞成熟阶段受强光刺激	配子体阶段大量发病死亡，胚孢子萌发不正常，配子体细胞不规则分裂，配子体生长期加长，不能转化为幼孢子体	选用好的种海带采孢子，育苗帘要严格处理并保持好育苗水质，避免强光刺激，发病后采取降温、洗刷、隔离等方法

7　出苗期培育

7.1　苗帘出库

7.1.1　出库时间

当海区水温稳定在 19℃～20℃之间，海带幼苗长度达到 1 cm～1.5 cm 即可出库。

7.1.2　出库要求

幼苗藻体健壮、叶片舒展、色泽光亮、有韧性；苗帘无空白段、杂藻少，每 1 cm 苗绳幼苗数量为 10 株～15 株，其中 1.5 cm 以上幼苗数量应多于 6 株。

7.2　苗帘运输

将苗帘从育苗池取出，去除多余水分，宜置于保温箱内，密封运输，从出库到达海区时间控制在 10 h 以内。

7.3　海上暂养

7.3.1　应选择风浪小、潮流通畅、水质肥沃、透明度在 0.5 m～1 m，浮泥和杂藻少的近岸海区。

7.3.2　将苗帘挂在 50 cm 左右深的水层，每天洗刷 1 次，应在 3 d 内拆帘，将整个苗帘拆成一根长绳，平行悬挂在筏架上。

7.3.3　幼苗长度在 5 cm 以前应每天去除苗绳上的污泥及其他附着物。

7.3.4　幼苗长到 15 cm～25 cm 时应及时分苗。

ICS 65.150

B 52

中华人民共和国水产行业标准

SC/T 1010—2008

代替 SC/T 1010—1994

中华鳖池塘养殖技术规范

Technical specifications for Chinese soft-shelled turle in pond

2008-05-16 发布

2008-07-01 实施

中华人民共和国农业部 发布

前　　言

本标准代替 SC/T 1010—1994《中华鳖人工繁殖与饲养技术规程》。

本标准与 SC/T 1010—1994 相比,主要变化如下:

——标准名称改为《中华鳖池塘养殖技术规范》;

——增加了规范性引用文件;

——调整了标准的结构,新增加了 3 章;

——调整、修改与补充了标准的技术内容,将第 3 章的标题改为"环境条件",第 5 章的标题改为"人工繁殖",并将原第 6 章"鳖的饲养"分解成"稚鳖饲养""幼鳖饲养"和"成鳖饲养";

——标准中突出了无公害养殖,鳖病防治以预防为主,严禁使用孔雀石绿等违禁药物。

本标准由中华人民共和国农业部渔业局提出。

本标准由全国水产标准化技术委员会淡水养殖分技术委员会归口。

本标准起草单位:中国水产科学研究院长江水产研究所。

本标准主要起草人:周瑞琼、邹世平、方耀林。

本标准于 1994 年 2 月首次发布。

中华鳖池塘养殖技术规范

1 范围

本标准规定了中华鳖（*Trionyx sinensis*）养殖的环境条件、亲鳖培育、人工繁殖以及稚鳖、幼鳖和成鳖饲养技术。

本标准适用于中华鳖的池塘养殖。

2 规范性引用文件

下列文件中的条款通过本标准的引用而成为本标准的条款。凡是注日期的引用文件，其随后所有的修改单（不包括勘误的内容）或修订版均不适用于本标准，然而，鼓励根据本标准达成协议的各方研究是否可使用这些文件的最新版本。凡是不注日期的引用文件，其最新版本适用于本标准。

GB 13078　饲料卫生标准

GB/T 18407.4　农产品安全质量　无公害水产品产地环境要求

NY 5051　无公害食品　淡水养殖用水水质

NY 5071　无公害食品　渔用药物使用准则

NY 5072　无公害食品　渔用配合饲料安全限量

SC/T 1047　中华鳖配合饲料

3 环境条件

3.1 场地选择

养殖场地应符合 GB/T 18407.4 的规定，并选择环境安静、水源充足无污染、有独立排灌系统、交通方便的地方建池。

3.2 养殖用水

应符合 NY 5051 的规定。

3.3 鳖池要求

鳖池设计和建造，应符合中华鳖的生态习性、养殖规模和人工操作的要求，鳖池背风向阳。鳖池有稚鳖池、幼鳖池、成鳖池、亲鳖池和控温越冬池等。各类型鳖池的规格见表 1。

表 1　鳖池类型和规格

鳖池类型	面积 m²	形状	朝向（长边）	池深 m	水深 m	池堤坡度，°	池边沿与围墙距离，m
稚鳖池	50～100	长方形	东西	1.2～1.5	0.8～1.0	30	0.5～1.0
幼鳖池	500～1 500	长方形	东西	1.5～2.0	1.0～1.5	30	0.5～1.0
成鳖池	500～5 000	长方形	东西	2.0～2.5	1.5～2.0	30	1.5～2.0
亲鳖池	500～3 500	长方形	东西	2.0～2.5	1.5～2.0	30	1.5～2.0

3.4 防逃设施

用砖块在池周砌成 50 cm 高的防逃墙，转角成圆弧形，墙顶向内伸檐 8 cm～10 cm。也可采用塑料板、石棉板或水泥板替代砖墙，视防逃墙材质和损坏程度，定期检查、维修或更新。在饲养池进、排水口处装置牢固的拦网，以防鳖逃跑。

3.5 产卵房

在亲鳖池向阳的一边池埂上修建产卵房。产卵房大小应根据雌鳖总数而定，每100只～120只雌鳖建2 m²的产卵房，房高2 m，房内铺厚约30 cm的细沙，沙面与地面持平，由鳖池铺设坡度不大于30°的斜坡至产房，便于雌鳖能顺坡自由上下。

3.6 饲料台

用长3 m、宽1 m～2 m的水泥预制板（或竹板、木板）斜置于池边，板长之一边淹入水下10 cm～15 cm，另一边露出水面，坡度约为15°。饲料台数量视养殖密度而定；使用软颗粒饲料时饲料台宜平放。

3.7 晒台

常见晒台有：

a) 在鳖池向阳面利用池坡用砖块或水泥板使池边硬化，做成与池边等长、宽约1 m的长条形斜坡；

b) 用长2 m～3 m、宽1 m～2 m的竹板或聚乙烯板斜置于池边水面；

c) 用木材或竹材做成棚式拱形晒台，固定于水面。

4 亲鳖培育

4.1 放养前鳖池清整

4.1.1 鳖池清塘

常用以下两种清塘方法：

a) 生石灰干池清塘：放干池水，清淤，暴晒3 d～5 d，用生石灰150 g/m²，以少量水化成浆全池泼洒，之后用铁耙耙一遍。隔日注水至1.5 m～2 m，10 d后即可放养亲鳖。

b) 带水清塘：

1) 生石灰清塘：水深1 m，用生石灰200 g/m²，在池边溶化成石灰浆，均匀泼洒，10 d后即可放鳖；

2) 漂白粉清塘：水深1 m，用含有效氯30%的漂白粉10 g/m²加水溶解后，立即全池泼洒，10 d后即可放鳖。

4.1.2 鳖池修整

结合鳖池消毒，检修已损坏的防逃墙，保持池底有适度的软泥（约20 cm）。

4.2 亲鳖来源

野生或人工选育的非近亲交配育成的性成熟鳖，或接近性成熟的鳖。

4.3 亲鳖选择

4.3.1 形态

亲鳖形态应符合中华鳖的分类特征。

4.3.2 外观

完整、无伤残、无畸变，无病变、体色正常，皮肤光亮，裙边肥厚富有弹性；体质健壮。

4.3.3 年龄和体重

年龄3冬龄以上，体重1 kg～3 kg。

4.3.4 雌、雄鉴别

雌鳖尾短，自然伸直达不到裙边；体厚，后腿之间距离较宽。

雄鳖尾长而粗壮，自然伸直超出裙边；体较雌鳖薄，后腿之间距离较窄。

4.4 放养

4.4.1 放养密度

放养密度一般为每平方米水面0.3只～0.5只。

4.4.2 雌、雄鳖比例

雌、雄鳖的放养比例为(4～5)∶1。雌、雄鳖个体尽可能大小一致。

4.4.3 放养时间

除冬季外,放养亲鳖选择在水温5℃～20℃的晴天。

4.4.4 放养前消毒

鳖体常用体表消毒方法有以下三种,可任选一种使用:

——高锰酸钾:浓度15 mg/L～20 mg/L,浸浴15 min～20 min;

——食盐:浓度3%,浸浴10 min;

——聚维酮碘(含有效碘1%):浓度30mg/L,浸浴15 min 。

4.4.5 放养方法

放养时将装有经消毒的鳖的箱或筐放于水边,轻轻倒出鳖,任其自行游走。

4.5 饲养管理

4.5.1 投饲

4.5.1.1 饲料

4.5.1.1.1 种类

亲鳖饲料种类有:

——配合饲料;

——动物性饲料:鲜活鱼、虾、螺、蚌、蚯蚓、禽畜内脏等;

——植物性饲料:新鲜南瓜、苹果、西瓜皮、青菜、胡萝卜等。

4.5.1.1.2 质量要求

配合饲料:质量应符合SC/T 1047要求。

动物性饲料:投喂前应消毒处理,消毒方法见4.5.3.2 d)。

植物性饲料:投喂前应消毒处理,消毒方法见4.5.3.2 d)。

各种饲料的安全卫生指标,应符合GB 13078和NY 5072的规定。鼓励使用配合饲料,限制直接投喂冰鲜(冻)饲料。

4.5.1.2 投饲量

配合饲料的日投饲量(干重)为鳖体重的1%～3%;鲜活饲料的日投饲量为鳖体重的5%～10%;根据气候状况和鳖的摄食强度调整投饲量,在繁殖前期应适当加大鲜活饲料投喂量。投饲量以在1 h内吃完为宜。

4.5.1.3 投饲方法

投喂前鲜活饲料需洗净、切碎,配合饲料加工成软硬、大小适宜的团块或颗粒,投在未被水淹没的饲料台上。根据鳖的摄食情况确定每天投喂次数,一般情况下,水温18℃～20℃时,2 d一次;水温20℃～25℃时,每天一次;水温25℃以上时,每天两次,分别为9:00前和16:00后。一般上午投日投喂量的40%,下午投60%。投饲前清除残饲,做好吃食记录。

4.5.2 水质管理

通过物理、化学、生物等措施调控水质,使养鳖池水质符合NY 5051的规定:

——物理调控:定时换水。换水量不超过水体的1/3,保持正常水位1.5 m～2 m,透明度约30 cm,溶氧4mg/L以上,水色保持黄绿色或茶褐色;

——化学调控:定期消毒,方法见4.5.3.2 b);

——生物调控:方法见4.5.3.1c 、d)。

4.5.3 疾病预防

4.5.3.1 生态预防

中华鳖疾病的生态预防包括：

a) 保持良好的空间环境：养鳖场建筑合理,设施齐全,满足鳖喜洁、喜阳、喜静的生态习性要求；

b) 保持良好的养殖水环境：包括放养前鳖池的清塘消毒和水质管理,方法按4.1和4.5.2；

c) 在鳖池中搭配少量鲢、鳙和鲫,调节浮游生物量和有机物量,以控制水质；

d) 使用微生态制剂全池泼洒。

4.5.3.2 药物预防

药物预防分为：

a) 环境消毒：鳖池周边环境用漂白粉喷雾或泼洒；

b) 池水消毒：11月至翌年3月,每30 d 1次,4月～10月,每15 d 1次,用含有效氯30%的漂白粉全池遍洒,使池水浓度为 1 mg/L～2 mg/L,或用生石灰浆全池遍洒,使池水浓度为50 mg/L～60 mg/L,两者交替使用；

c) 鳖体消毒：按4.4.4条的规定；

d) 饲料消毒：对于投饲的鲜动、植物饲料,洗净后可用浓度为20 mg/L的高锰酸钾浸泡15 min～20 min,再用清水漂洗后投喂；

e) 工具消毒：养鳖生产中所用的工具应定期消毒,每周1次～2次。用于工具消毒的药物有高锰酸钾 100 mg/L,浸洗 30 min；漂白粉 5%,浸洗 20 min；二氧化氯 30 mg/L,浸洗 15 min；或将工具置于阳光下曝晒；

f) 饲料台与晒台消毒：每天清洗1次,每周一次用漂白粉或氯制剂溶液泼洒饲料台和晒台,并在饲料台和晒台周围挂篓或挂袋,漂白粉和氯制剂的用量不超过全池遍洒的用量。

4.5.3.3 病鳖隔离

在养殖过程中,应加强巡塘检查,一旦发现病鳖,应及时隔离饲养,并用药物处理。药物处理方法按4.4.4和NY 5071的规定执行。

4.5.4 日常管理

坚持每天早、中、晚巡塘检查,主要工作有：

——检查防逃设施；

——观察吃食情况,以此调整投饲量；

——及时清除残余饲料,清扫饲料台；

——观察亲鳖活动情况,如有异常,及时处理；

——勤除杂草、敌害、污物；

——看水色、量水温、闻有无异味；

——做好巡塘日志和投饲、用药记录。

5 人工繁殖

5.1 产卵

a) 季节：4月～9月雌鳖产卵,6月～7月为产卵高峰期；

b) 温度：最适产卵水温28℃～32℃,气温25℃～32℃；

c) 产卵环境：环境安静,产卵场沙层湿度适宜,含水量约为7%,即以手捏成团,松手即散为准；

d) 产卵量：每只成熟雌鳖一年之内在生殖季节产卵3窝～5窝,每窝一般8个～30个。

5.2 鳖卵收集

在产卵季节,管理人员每天早晨巡视产卵场所,仔细寻找卵窝,并做好标记。卵窝具辐射状足迹。

发现卵窝,用手拨开洞口泥沙,取出鳖卵,动物极朝上,轻放于底部垫有松软底物的容器内,避免撞击和挤压而损坏鳖卵。

每次收卵后将产卵场的泥沙抹平。

5.3 人工孵化

5.3.1 孵化设备

孵化设备一般有恒温箱和恒温室。

5.3.2 受精卵的鉴别

鳖卵产出数小时后,外观可见一个圆形白色亮区,即受精标志,随着胚胎发育的进展,圆形白色亮区也将逐步扩大。如白色亮区若暗若明,或白色区域边缘不规则,不继续扩大,可视为未受精卵。

5.3.3 孵化条件

鳖卵人工孵化,应满足以下条件:

　　a) 温度:人工控制孵化气温在 33℃～36℃,孵化介质(沙、海绵等)温度 30℃～32℃;

　　b) 湿度:在恒温箱或控温孵化房内进行人工孵化,空气湿度为 75%～85%;

　　c) 含水量:孵化介质(沙、海绵等)的含水量控制在 6%～8%。

5.3.4 孵化操作

将经过鉴别的受精卵动物极向上,分层成排整齐地埋藏在含水量适当的沙盘之中,卵间距 1 cm。孵化过程中不得翻动受精卵。

5.3.5 孵化时间

从鳖卵产出到稚鳖出壳的整个过程,约需积温 36 000℃·h。在 32℃条件下,历时约 45 d。

5.3.6 稚鳖暂养

刚出壳的稚鳖需在盆中暂养 24 h,暂养盆可用直径 1 m、高 30 cm 的光滑塑料盆。盆内放细沙 10 cm,并装水至没过细沙 2 cm。暂养密度为每盆 200 只。暂养温度与孵化室温度相同。暂养 24 h 后即可移至稚鳖池培育。

或用专门修建的稚鳖暂养池暂养。暂养池一般深 0.5 m、宽 1 m,长度自定,池底稍倾斜,有进排水口,内置木板作饲料台,放少量水生植物,保持水深 2 cm～5 cm,每平方米可暂养 100 只左右稚鳖。

6 稚鳖饲养

6.1 放养前准备

6.1.1 鳖池消毒

冲洗净鳖池,用生石灰 150 mg/L～200 mg/L 或漂白粉 10 mg/L 泼洒消毒。试水后放入稚鳖。

6.1.2 放入漂浮性水生植物

凤眼莲经漂白粉 5 mg/L～10 mg/L 或高锰酸钾 20 mg/L(水温 20℃)消毒后,放入稚鳖池,数量不超过池水面的 1/3,为稚鳖提供保护、遮阴、晒背场所。

6.2 稚鳖放养

6.2.1 稚鳖质量要求

无伤病、无残次、有活力,同一稚鳖池的鳖规格应整齐。稚鳖个体重 3 g～5 g。

6.2.2 鳖体消毒

放养前的稚鳖用高锰酸钾 20 mg/L 浸浴 20 min。

6.2.3 放养方法

按 4.4.5 的规定。

6.2.4 放养密度

每平方米水面放养稚鳖 20 只～30 只。

6.3 饲养管理

6.3.1 投饲

6.3.1.1 饲料种类

符合 SC/T 1047 规定的稚鳖配合饲料;无毒、无污染的新鲜动物肝脏、蚯蚓、大型浮游动物等。

6.3.1.2 投饲量

配合饲料(干重)的日投饲量为鳖体重的 3%～5%,鲜活饲料的日投喂量为鳖体重的 5%～8%。

6.3.1.3 投饲方法

鲜活饲料投喂前的消毒方法按 4.5.3.2 d)的规定执行。定时定量把饲料投放在饲料台上,日投 3 次,早、中、晚各一次。投喂次数根据气候及鳖的吃食情况确定。

6.3.2 日常管理

按 4.5.2～4.5.4 的规定。

7 幼鳖饲养

7.1 放养前清塘

按 4.1 的规定。

7.2 放养密度

每平方米水面放养 50 g～100 g 的幼鳖 5 只～8 只为宜。

7.3 放养方法

将越冬苏醒后的稚鳖按 4.4.4 方法消毒处理后放入幼鳖池饲养。

7.4 饲养管理

按 4.5 的规定。

8 越冬管理

稚鳖和幼鳖的抗寒能力较弱,越冬期间应采取以下措施:

a) 越冬前应投足量营养丰富的饲料,使鳖体储积脂肪,用于越冬期间的消耗;

b) 在背风向阳面池底添加 10 cm～15 cm 厚的细沙,为稚鳖和幼鳖越冬创造一个适宜的良好栖息环境;

c) 保持鳖池水位 1.5 m 以上,溶解氧不低于 4 mg/L。

9 成鳖饲养

9.1 放养前清塘

按 4.1 的规定。

9.2 放养密度

池塘精养每平方米水面放养 100 g～300 g 的幼鳖 2 只～3 只为宜;大池粗放(生态养殖)每 667 m² 放养 100 只～150 只(不投饲)。

9.3 放养方法

按 4.4.4 和 4.4.5 的规定。

9.4 饲养管理

按 4.5 的规定。

9.5 捕捞

捕捞采用两种方法:间捕,用网围捕;清底,采用排干池水后人工摸抓。

ICS 65.150
B 51

中华人民共和国水产行业标准

SC/T 2074—2017

刺参繁育与养殖技术规范

Technical specifications for sea cucumber breeding and culture

2017-06-12 发布

2017-10-01 实施

中华人民共和国农业部 发布

前　言

本标准按照 GB/T 1.1—2009 给出的规则起草。

请注意本文件的某些内容可能涉及专利。本文件的发布机构不承担识别这些专利的责任。

本标准由农业部渔业渔政管理局提出。

本标准由全国水产标准化技术委员会海水养殖分技术委员会(SAC/TC 156/SC 2)归口。

本标准起草单位:中国水产科学研究院黄海水产研究所、大连海洋大学、大连市海洋渔业协会、大连壹桥海洋苗业股份有限公司、大连棒槌岛海产股份有限公司。

本标准主要起草人:谭杰、孙慧玲、宋坚、张岩、张天时、燕敬平、于东祥、徐志宽、迟飞跃、吴岩强。

刺参繁育与养殖技术规范

1 范围

本标准规定了刺参[*Apostichopus japonicus*(Selenka,1867)]的苗种繁育、池塘养殖、底播养殖和筏式吊笼养殖的技术和要求。

本标准适用于刺参的人工繁育及养成。

2 规范性引用文件

下列文件对于本文件的应用是必不可少的。凡是注日期的引用文件,仅注日期的版本适用于本文件。凡是不注日期的引用文件,其最新版本(包括所有的修改单)适用于本文件。

NY 5052 无公害食品 海水养殖用水水质

NY 5072 无公害食品 渔用配合饲料安全限量

NY 5362 无公害食品 海水养殖产地环境条件

SC/T 2003 刺参 亲参和苗种

SC/T 2037 刺参配合饲料

3 术语和定义

下列术语和定义适用于本文件。

3.1

中间培育 nursery culture

将规格为 $2×10^5$ 头/kg～$2×10^4$ 头/kg 的苗种,培育到规格为 2 000 头/kg 以上的大规格苗种的过程。

3.2

性腺指数 gonad index

性腺鲜重占总体重的百分比。

4 苗种繁育

4.1 环境条件

应符合 NY 5362 的规定,应选择在无大量淡水注入的海区,水质应符合 NY 5052 的规定,盐度 26～32,pH 7.5～8.6 为宜。

4.2 设施条件

4.2.1 培育池

以长方形为宜,容积 $10 m^3$～$30 m^3$、池深 1.0 m～1.5 m。

4.2.2 设施

应有控温、充气、控光、进排水和水处理设施。

4.3 亲参

4.3.1 来源

采用人工控温促熟的亲参或自然成熟的亲参。质量应符合 SC/T 2003 的规定。

4.3.2 人工促熟

4.3.2.1 水温调节

每日升温 0.5℃～1℃,逐步升到 15℃～17℃后,恒温培育。

4.3.2.2 密度

以 15 头/m³～30 头/m³ 为宜。

4.3.2.3 投喂

配合饲料日投喂量控制在亲参体重的 3%～5% 为宜,按一定比例混合海泥投喂[配合饲料:海泥=1:(2～5)],配合饲料应符合 SC/T 2037 和 NY 5072 的规定,海泥应符合 NY 5362 的规定。

4.3.2.4 日常管理

日换水量为水体的 50%～100%,每 3 d～5 d 倒池一次,同时清除池内亲参粪便和其他污物。溶解氧应控制在 5 mg/L 以上,光照强度应控制在 2 000 lx 以内。

4.3.3 自然成熟亲参

4.3.3.1 采捕时间

当海水水温上升至 15℃～17℃时,抽样检查性腺指数,当 50% 以上的个体性腺指数达到或超过 10%,开始采捕亲参。

4.3.3.2 水温调节

亲参入池水温应控制在 15℃～18℃,与采捕海区水温的温差应控制在 3℃以内。

4.3.3.3 密度

以 15 头/m³～30 头/m³ 为宜。

4.3.3.4 投喂

蓄养时间少于 7 d,亲参一般不投喂饲料。时间长于 7 d,应投喂饲料,投喂方式同 4.3.2.3。

4.3.3.5 日常管理

日常管理同 4.3.2.4。

4.4 采卵及授精

当发现部分亲参在水体表层沿池壁活动频繁,或者已出现少量雄参排精时,即可做好采卵准备。可采取自然排放或人工刺激的方式获得精卵。人工刺激宜在傍晚进行,将亲参阴干 45 min～60 min,流水刺激 10 min～15 min,然后注入比原培育水温高 3℃～5℃的过滤海水。发现雄参排精后即捞出,以避免精子过多。当卵子浓度达到 10 个/mL～30 个/mL 时,将亲参全部捞出。

4.5 孵化

孵化水温 18℃～25℃,应持续微量充气或搅动,使受精卵均匀分布。

4.6 浮游幼体培育

4.6.1 选优布池

采用拖网或虹吸浓缩法选择上浮小耳幼体,选优网箱用孔径 48 μm～75 μm 的尼龙筛绢制作。布池密度控制在 0.1 个/mL～0.3 个/mL。

4.6.2 饵料投喂

饵料种类主要有角毛藻、盐藻、小新月菱形藻、三角褐指藻等。日投饵 2 次～4 次,小耳幼体 2.5×10^4 cell/mL～3.0×10^4 cell/mL,中耳幼体 3.0×10^4 cell/mL～3.5×10^4 cell/mL,大耳幼体 3.5×10^4 cell/mL～4.0×10^4 cell/mL。也可采用面包酵母或海洋红酵母作为代用饵料,代用饵料可以单独投喂,也可以和单细胞藻类混合投喂。单独采用酵母作为饵料时,日投饵量为 2.0×10^4 cell/mL～4.0×10^4 cell/mL。

4.6.3 日常管理

小耳幼体刚入池时,培育池仅注水 1/2 左右,以后每天加水 10 cm～15 cm,待水位达到池深的

80％～85％后,开始每日换水 1 次,换水量为 25％～50％,温差应小于 1℃;培育期间持续微量充气。水温保持在 18℃～23℃,溶解氧保持在 5 mg/L 以上,光照强度控制在 2 000 lx 以内。

4.7 稚幼参培育

4.7.1 附着

在大耳幼体后期五个初级口触手出现至樽形幼体出现期间放置附着基。附着基材料可采用聚乙烯薄膜、聚乙烯波纹板、聚乙烯网片等,附着基布池密度见表 1。

表 1 不同附着基布池密度

附着基种类	附着基表面积与池底面积比例
波纹板	(10∶1)～(25∶1)
筛绢网片	(10∶1)～(22∶1)
塑料薄膜	(8∶1)～(10∶1)

4.7.2 饲料种类和投喂量

稚幼参饲料宜采用鼠尾藻粉、马尾藻粉、石莼粉、人工配合饲料和海泥。稚参阶段,藻粉或配合饲料与海泥的比例为(1∶1)～(1∶4),幼参阶段,藻粉或配合饲料与海泥的比例为(1∶4)～(1∶7)。藻粉或配合饲料的投喂量为稚幼参体重的 5％～10％,根据摄食情况适当调整。配合饲料应符合 SC/T 2037 和 NY 5072 的规定。

4.7.3 剥苗和分苗

投放附着基 30 d～60 d 后,将稚幼参从附着基上剥离并分苗,培育密度见表 2。

表 2 不同规格稚参的培育密度

规格 10^4 头/kg	分苗密度 头/m^3
20～40	15 000～30 000
10～20	7 000～15 000
2～10	4 000～7 000

4.7.4 倒池

分苗后根据水质、水温、苗种密度、病害等情况,3 d～15 d 倒池一次。

4.7.5 水质管理

可通过换水、流水和倒池相结合的方式实现培育用水的更新交换,日换水量为 50％～200％。

4.7.6 充气

持续微量充气,溶解氧≥5 mg/L。

4.7.7 光照

应控制在 2 000 lx 以内,光线应均匀。

4.8 中间培育

4.8.1 室内中间培育

4.8.1.1 设施

同 4.2。

4.8.1.2 水温调控

水温维持在 10℃～17℃。

4.8.1.3 日常管理

饲料投喂、倒池、水质管理、充气和光照控制等同 4.7。

4.8.1.4 分苗

当幼参个体之间大小差异明显,应用不同规格网目的筛子将参苗分离,按不同规格分别进行培育,根据规格及时调整密度。

4.8.2 室外网箱中间培育

4.8.2.1 选址

可选择池塘或内湾。环境条件应符合 NY 5362 的规定,应选择在无大量淡水注入的海区,水质应符合 NY 5052 的规定,表层水温 5℃～30℃,盐度 26～32,pH 7.5～8.6 为宜。池塘宜采用长方形,面积因地制宜,水深为 1.5 m～3 m,应配有进排水系统及增氧系统。内湾低潮时水深应在 4 m 以上,涨落潮水流流速缓慢,风浪较小。

4.8.2.2 设施

4.8.2.2.1 网箱的选择

网箱规格一般为(2～5) m×(1～5) m×(1～2) m,网箱的网衣为无结节网片。放养 $1×10^5$ 头/kg～$2×10^4$ 头/kg 的参苗用孔径 250 μm 的网衣;放养 $2×10^4$ 头/kg～$1×10^4$ 头/kg 的参苗用孔径 380 μm 的网衣;放养 $1×10^4$ 头/kg～3 000 头/kg 的参苗用孔径 550 μm 的网衣。网箱上方加盖黑色遮阳网。

4.8.2.2.2 网箱的设置

在池塘或内湾中设置浮筏,浮筏上放置网箱,多个网箱串联成一排,箱距 0.5 m 左右,排距 4 m～5 m。网箱总表面积不宜超过池塘面积的 25%。

4.8.2.2.3 附着基

波纹板、聚乙烯网片或尼龙网片。

4.8.2.3 投苗

当室内水温与池塘水温温差小于 3℃时,以 3 000 头/m³～7 000 头/m³ 的密度投放参苗。

4.8.2.4 投饵

根据水质和附着基上附着饵料的情况投饵,日投喂量为参苗体重的 2%～10%。

4.8.2.5 倒箱

根据箱中残饵、粪便和附着物情况,宜 15 d～25 d 更换网箱和附着基一次,倒箱时彻底洗刷、暴晒网箱,将参苗按规格分开培育,清除海鞘和海藻等附着物。

5 池塘养殖

5.1 选址条件

环境条件应符合 NY 5362 的规定;水质应符合 NY 5052 的规定,盐度 22～36,表层水温−2℃～30℃,pH 7.6～8.4;底质以岩礁底、沙泥底、硬泥底或几种底质的组合为宜。

5.2 养殖池塘

宜采用长方形,面积因地制宜,水深为 1.5 m～3 m,应配有进排水系统及增氧系统。

5.3 参礁的设置

可采用石块、砖瓦、空心砖、扇贝笼、聚乙烯网和各种人造刺参礁等,参礁的数量为 300 m³/hm²～1 500 m³/hm²,堆放成堆形或垄形。

5.4 放苗前的准备工作

新建池塘应进水浸泡 2 个潮次,每次浸泡 3 d;旧池塘在放苗前应将积水排净,清除池底污物,封闸晒池数日。在放苗前 1 个月～1.5 个月适量进水,使整个池塘及参礁全部淹没,用漂白粉 5 mg/L～20 mg/L 或生石灰 1 500 kg/hm²～3 000 kg/hm² 全池泼洒消毒,并进水浸泡一周后排干,重新注入 30 cm～50 cm 海水,采用有机肥或无机肥培育基础饵料,并在放苗前逐渐注满池水。

5.5 苗种投放

放苗时水温宜在 10℃～20℃,大风、降雨天气不宜放苗,苗种质量应符合 SC/T 2003 的规定,各规格苗种适宜放苗密度如表 3 所示;大规格参苗可直接投放到参礁上;小规格参苗可装入尼龙网袋中并放入小石块,网袋微扎半开口投放到参礁上,让参苗自行从网袋中爬出;在养殖过程中应根据采捕情况及时补苗。

表 3 池塘养殖不同规格参苗放苗密度

规格 头/kg	放苗数量 头/m²
1 000～2 000	15～20
200～1 000	10～15
＜200	5～10

5.6 饲料投喂

以培育天然饵料为主,在春、秋季天然饵料不足时,适量投喂人工配合饲料。配合饲料应符合 SC/T 2037 和 NY 5072 的规定。

5.7 日常管理

日换水量宜在 10%～60% 之间。春、秋季水位保持在 1 m～1.5 m,夏、冬季水位保持在 2 m 左右;坚持早、晚巡池,观察、检查刺参的摄食、生长、活动情况,重点监测水温、盐度、溶解氧、pH 等水质指标,并做好记录;雨季要防止淡水大量流入,大雨期间和大雨过后要及时排出淡水。

6 底播养殖

6.1 环境条件

应选择在潮流畅通、波浪平缓、水质清新的内湾或湾口,水深应为 3 m～15 m,远离工业区和港口,环境条件应符合 NY 5362 的规定,水质应符合 NY 5052 的规定,盐度 22～36,表层水温 0℃～30℃,pH 7.6～8.4,溶解氧＞5 mg/L,底质以岩礁、乱石底质或有大型藻类繁生的沙泥底质为宜,底质的含泥量低于 20%。

6.2 参礁设置

可采用石块、沉船、大型水泥筑件、装满扇贝壳或牡蛎壳的网袋等在海底构建参礁。

6.3 苗种投放

水温 8℃～15℃ 时,宜选择低潮或平潮期放苗,放苗时,由潜水员把参苗直接投放到参礁上。苗种规格应不低于 2×10^4 头/kg,放苗密度 8 头/m²～10 头/m²,苗种质量应符合 SC/T 2003 的规定。

6.4 日常管理

定期由潜水员潜水观察刺参生长、存活、分布、藻场、粪便、敌害和参礁等情况,清除海星、日本蟳、梭子蟹等敌害生物。

7 筏式吊笼养殖

7.1 环境条件

环境条件应符合 NY 5362 的规定,选择潮流畅通、避风条件好,无大量淡水注入的海区。水质应符合 NY 5052 的规定。水深应为 4 m～10 m,盐度 22～36,pH7.6～8.4,溶解氧＞5 mg/L,透明度 0.2 m～3 m,海区流速＜1.5 m/s。

7.2 设施

7.2.1 筏架或浮筏

筏架由木板用螺栓、钢板连接成框架,一般规格(3~5)m×(3~5)m,用泡沫塑料做成浮子。在框架中间固定数根木条或毛竹,木条或毛竹间隔60 cm左右,每根木条或毛竹每隔60 cm挂1笼。

浮筏由浮绠、浮漂、固定橛、橛缆等组成。

7.2.2 参笼

用聚乙烯制成,长方形或椭圆形,每笼5层~6层,每层在一边开一个可活动的窗口,笼子四周开有若干0.5 cm~1 cm的孔,层与层用聚乙烯绳子串联固定。

7.3 苗种放养

水温15℃~20℃时放苗,放苗密度以300头/m³~500头/m³为宜,苗种规格为20头/kg~30头/kg,质量应符合SC/T 2003的规定。

7.4 日常管理

3 d~4 d投喂一次,以浸泡2 d~3 d的干海带为主,次投喂量为刺参体重的20%~70%,根据摄食情况调整。投饵前应清洗参笼;每15 d~40 d分苗一次,根据刺参生长情况调整养殖密度。

ICS 65.150
B 51

DB21

辽 宁 省 地 方 标 准

DB21/T 1878—2011

农产品质量安全 刺参人工育苗技术规程

2011-01-10 发布

2011-02-10 实施

辽宁省质量技术监督局 发布

前　言

本标准是依据 GB/T 1.1—2009 制定的。

本标准由大连海洋大学提出。

本标准由大连市质量技术监督局归口。

本标准主要起草单位:大连海洋大学。

本标准主要起草人:常亚青、宋坚、孙培海、丁君、田燚、苏延明。

本标准于 2011 年 01 月 10 日首次发布。

农产品质量安全　刺参人工育苗技术规程

1　范围

本标准规定了刺参[*Apostichopus japonicus*（Selenka）]人工育苗的环境条件、培育设施、亲参选择和培育、采卵与授精、孵化、幼虫选优、浮游幼体的培育、稚参培育、苗种质量和运输。

本标准适用于刺参的工厂化人工育苗。

2　规范性引用文件

下列文件对于本文件的应用是必不可少的。凡是注日期的引用文件，仅注日期的版本适用于本文件。凡是不注日期的引用文件，其最新版本（包括所有的修改单）适用于本文件。

NY 5052—2001　无公害食品　海水养殖用水水质

NY 5071—2002　无公害食品　渔用药物使用准则

NY 5072—2002　无公害食品　渔用配合饲料安全限量

3　环境条件

3.1　场地选择

育苗场应选择水质清净，无大量淡水注入，无工业、农业和生活污染的海区。宜建于风浪较小的内湾，无浮泥，混浊度较小，透明度大。

3.2　育苗用水

育苗用水经沉淀、多级过滤、生物净化处理，水质应符合水质 NY 5052 的规定，盐度不低于 25，pH7.6～8.6，溶解氧大于 5 mg/L。

4　培育设施

4.1　育苗室

育苗室通风条件好、光线柔和，室内光线控制在 500 lx～1 500 lx。

4.2　培育池

育苗池长方形、方形或椭圆形，培育池的深度 1 m～1.5 m，水容量为 20 m³～50 m³。

4.3　砂滤池

滤料为不同规格砂石，每层厚度为 15 cm 以上，细砂层为 40 cm～60 cm。

4.4　饵料培养室

饵料培养池与育苗池的水体比例宜在(1：3)～(1：4)。备有单独的保种室、三级培养池。

4.5　配套设施

应具备供电系统、供水系统、增温系统等。沉淀池与蓄水池的总纳水量高于日用水量的 1 倍。

5　亲参选择和培育

5.1　亲参选择

体长大于 20 cm，体重大于 250 g，活力强，无损伤。

5.2　亲参暂养

采捕自然成熟的个体，暂养 5 d～7 d。

5.3 蓄养密度

蓄养期间亲参的密度应控制在 20 头/m³ 以下。

5.3.1 蓄养条件

亲参蓄养的池底可加置石块、空心砖、黑色波纹板等供亲参栖息。

5.3.2 投饵和换水

蓄养期间不投饵,每日早、晚各换水 1 次,换水量为池水容积的 1/2～1/3,换水时应及时清除池底污物及粪便和已排脏的个体,或每晚清池 1 次。

5.4 亲参人工促熟

为提前进行人工育苗,当年培育大规格的苗种,可提前采捕未成熟的亲体,可以进行人工促熟。

5.4.1 温度控制

亲参入池后头 3d 不要升温,待其生活稳定后,每日升温 1℃。当温度升至 13℃～16℃时应恒温培育,直至采卵前 10 d～20 d,将水温升至 17℃～19℃进行培养。当积温达到 800℃·d～1 200℃·d 时,亲参的性腺能够成熟并自然排放。

5.4.2 投饵

饵料可以用天然饵料,也可以用人工配合饲料,人工配合饲料应符合 NY 5072 的规定。日投饵量为亲参体重的 3%～10%。

5.4.3 水质控制

水温在 10℃前每日换水 1 次,10d 倒池 1 次;水温 10℃～15℃日全量换水 2 次,每隔 7d 倒池 1 次;16℃后,每日换水 1 次,每次换水时留 30cm 深的水,避免亲参的干露,7d 倒池 1 次。

5.4.4 光照强度

光照强度控制在 500 lx 以下。

6 采卵与授精

6.1 采卵

采用阴干流水刺激的方法催产,阴干 45 min～60 min,流水刺激 30 min～60 min。

6.2 授精

控制精子的浓度,低倍镜观察每个卵子周围有 3 个～5 个精子即可。

7 孵化

7.1 孵化密度

受精卵的孵化密度不大于 10 粒/mL。

7.2 孵化条件

水温在 18℃～25℃,盐度 26～32,pH7.6～8.6。孵化海水或新加入的海水与授精时海水或原孵化水的水温温差不应超过 3℃。

7.3 搅池

在孵化过程中用搅耙每隔 30min～60min 搅动 1 次池水。搅动时要上、下搅动,不要使池水形成漩涡导致受精卵旋转集中。

8 幼虫选优

将浮于中上层的幼体选入培育池中进行培育,采用拖网法、虹吸法或浓缩法进行选优。

9 浮游幼体培育

9.1 培育密度

幼体的培育密度控制在 0.2 个/mL～0.5 个/mL。

9.2 水质控制

可在选优后将培育池加 1/2 的水,前 3 d～5 d 逐渐把水加满,培育后期每日换水 2 次～3 次,每次换 1/2;也可选优后直接将培育池加满水,培育早期(1 d～3 d)可不换水,培育后期每日换水 1 次～2 次,每次换 1/2。

9.3 投饵

投喂角毛藻、盐藻或海洋酵母,每日 2 次～4 次,日投饵量 2×10^4 cell/mL～4×10^4 cell/mL,在具体的育苗实践中,应根据幼虫的密度、摄食情况等因素确定实际投饵量。

9.4 充气或搅池

采取微充气的方式,每 $3 m^2$～$5 m^2$ 一个气石;或采用搅池的方法,0.5h～1.0h 搅池 1 次。

9.5 吸底和倒池

应视幼体发育情况,采用吸底或倒池的方法改善水质。

9.6 培育条件

水温 20℃～24℃,溶氧量 3.5 mg/L,盐度在 26～34,光照 500 lx～1 500 lx。水质应符合 NY/T 5052 要求。

10 稚参培育

10.1 附着基

10.1.1 附着基材料

附着基一般采用透明聚乙烯薄膜、透明聚乙烯波纹板及聚乙烯网片。

10.1.2 附着基处理

附着基在投放前应先清洗干净,有条件应在附着基接种底栖硅藻。

10.1.3 附着基投放时间

一般在大耳状幼体后期或幼体中已有 20% 左右变态为樽形幼体时投放。

10.2 培育密度

控制在 1 头/cm² 以内。

10.3 培育管理

10.3.1 投饵

初期投喂含底栖硅藻的活性海泥,用 300 目筛绢网过滤后,按 0.5 L/m³～1.5 L/m³ 投喂,每日 2 次。体长 2 mm 后采用含底栖硅藻的活性海泥和鼠尾藻磨碎液投喂。鼠尾藻前期用 200 目,中后期用 80～40 目筛绢网过滤,每日分 2 次投喂,日投喂量为 30 mg/L～100 mg/L。也可投喂人工配合饲料,应符合 NY 5072 的规定。

10.3.2 充气

稚参附着后必须不间断地充气,充气量控制在 30 L/(m³·h)～40 L/(m³·h)。

10.3.3 换水

日换水 2 次,每次换水 1/3～1/2。

10.3.4 倒池

每隔 7 d～10 d 倒池一次。

10.3.5 稚参的剥离和更换附着基

剥离采取直接剥离的方式:拿起附有海参的附着基,用海水冲击幼体,使其脱落,将稚参收集后泼洒到新的附着基上,宜结合倒池进行。

10.3.6 分苗

稚参培育后期,个体生长差异较大,用不同网眼规格的筛子进行筛选,将不同规格的稚参分池进行培育。

10.3.7 培育条件

水温 22℃~27℃;光照 2 000 lx;盐度 23~27;溶氧量大于 4 mg/L~5 mg/L。

10.3.8 敌害防治

使用药物应符合 NY 5071 的规定,桡足类防治一般采用浓度为 1 g/m³~8 g/m³ 的渔用和兽用敌百虫。

11 苗种质量

11.1 感官要求

苗种健壮,活力强,大小均匀,规格整齐,外观刺挺拔,无伤残病害,无排脏,杂质少。

11.2 苗种规格

苗种规格见表1。

表 1 刺参苗种规格

苗种规格	小规格苗种	大规格苗种
规格,头/500g	≥500	<500

12 苗种运输

12.1 干运法

苗种沥干水分后,放入衬有塑料布的泡沫塑料保温箱中,装入冰袋,冰袋不要与海参苗种直接接触,保持箱内温度在 15℃ 以下。运输时间不超过 8 h。

12.2 水运法

苗种放入盛有海水的塑料袋中,充氧后将袋口扎紧,放入泡沫塑料保温箱中,气温过高时可用冰袋降温,保持箱内温度在 15℃ 以下,运程可达 12 h。运输用水应符合 NY 5052 的要求。

图书在版编目(CIP)数据

水产原良种生产技术操作规程汇编/全国水产技术
推广总站编.—北京:中国农业出版社,2021.4
ISBN 978-7-109-28028-1

Ⅰ.①水…　Ⅱ.①全…　Ⅲ.①水产养殖－技术操作规
程－汇编－中国　Ⅳ.①S96-65

中国版本图书馆 CIP 数据核字(2021)第 044789 号

———————————————————

中国农业出版社出版
地址:北京市朝阳区麦子店街 18 号楼
邮编:100125
责任编辑:郑　珂　杨晓改
版式设计:王　晨　　责任校对:周丽芳
印刷:中农印务有限公司
版次:2021 年 4 月第 1 版
印次:2021 年 4 月北京第 1 次印刷
发行:新华书店北京发行所
开本:889mm×1194mm　1/16
印张:18.75
字数:650 千字
定价:128.00 元

———————————————————